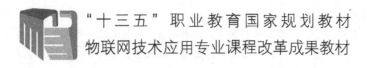

"十三五"职业教育国家规划教材

物联网技术应用专业课程改革成果教材

# 物联网综合实训

丛书主编 俞佳飞
主　　编 佘运祥　苏豫全
参　　编 邱　节　周　光　刘金鑫　曾　琳

机械工业出版社

本书在编写过程中基于"注重技能培养、突出拓展应用"的教学原则,力求体现职业教育的教学理念——项目式教学法。每个项目内容设置贴近实际生活,突出了岗位技能训练的要求,通过大量的工程实例讲解典型工作任务,为学生后续的学习和工作做好铺垫。本书以智慧校园为载体,共4个项目,包括:智慧商超综合实训、智慧医疗综合实训、智能空气环境监测综合实训、智能家居综合实训。

本书可作为各类职业院校物联网技术应用专业教材,也可作为信息技术类相关专业的限定选修课程教材和物联网爱好者的自学参考用书。

本书配有电子课件,选用本书作为教材的教师可以从机械工业出版社教育服务网(www.cmpedu.com)免费注册下载或联系编辑(010-88379194)咨询。本书还配有二维码视频,扫描书中二维码即可在线观看视频。

#### 图书在版编目(CIP)数据

物联网综合实训/佘运祥,苏豫全主编. —北京:机械工业出版社,2018.7(2022.1重印)
物联网技术应用专业课程改革成果教材/俞佳飞主编
ISBN 978-7-111-60601-7

Ⅰ.①物… Ⅱ.①佘… ②苏… Ⅲ.①互联网络—应用—中等专业学校—教材 ②智能技术—应用—中等专业学校—教材 Ⅳ.①TP393.4 ②TP18

中国版本图书馆CIP数据核字(2018)第171238号

机械工业出版社(北京市百万庄大街22号 邮政编码100037)
策划编辑:梁 伟　　责任编辑:李绍坤
责任校对:马立婷　　封面设计:鞠 杨
版式设计:鞠 杨　　责任印制:单爱军
北京虎彩文化传播有限公司印刷
2022年1月第1版第3次印刷
184mm×260mm・13.5印张・292千字
标准书号:ISBN 978-7-111-60601-7
定价:42.00元

电话服务　　　　　　　网络服务
客服电话:010-88361066　机 工 官 网:www.cmpbook.com
　　　　　010-88379833　机 工 官 博:weibo.com/cmp1952
　　　　　010-68326294　金 书 网:www.golden-book.com
封底无防伪标均为盗版　　机工教育服务网:www.cmpedu.com

# 关于"十三五"职业教育国家规划教材的出版说明

2019年10月,教育部职业教育与成人教育司颁布了《关于组织开展"十三五"职业教育国家规划教材建设工作的通知》(教职成司函〔2019〕94号),正式启动"十三五"职业教育国家规划教材遴选、建设工作。我社按照通知要求,积极认真组织相关申报工作,对照申报原则和条件,组织专门力量对教材的思想性、科学性、适宜性进行全面审核把关,遴选了一批突出职业教育特色、反映新技术发展、满足行业需求的教材进行申报。经单位申报、形式审查、专家评审、面向社会公示等严格程序,2020年12月教育部办公厅正式公布了"十三五"职业教育国家规划教材(以下简称"十三五"国规教材)书目,同时要求各教材编写单位、主编和出版单位要注重吸收产业升级和行业发展的新知识、新技术、新工艺、新方法,对入选的"十三五"国规教材内容进行每年动态更新完善,并不断丰富相应数字化教学资源,提供优质服务。

经过严格的遴选程序,机械工业出版社共有227种教材获评为"十三五"国规教材。按照教育部相关要求,机械工业出版社将坚持以习近平新时代中国特色社会主义思想为指导,积极贯彻党中央、国务院关于加强和改进新形势下大中小学教材建设的意见,严格落实《国家职业教育改革实施方案》《职业院校教材管理办法》的具体要求,秉承机械工业出版社传播工业技术、工匠技能、工业文化的使命担当,配备业务水平过硬的编审力量,加强与编写团队的沟通,持续加强"十三五"国规教材的建设工作,扎实推进习近平新时代中国特色社会主义思想进课程教材,全面落实立德树人根本任务。同时突显职业教育类型特征,遵循技术技能人才成长规律和学生身心发展规律,落实根据行业发展和教学需求及时对教材内容进行更新的要求;充分发挥信息技术的作用,不断丰富完善数字化教学资源,不断提升教材质量,确保优质教材进课堂;通过线上线下多种方式组织教师培训,为广大专业教师提供教材及教学资源的使用方法培训及交流平台。

教材建设需要各方面的共同努力,也欢迎相关使用院校的师生反馈教材使用意见和建议,我们将组织力量进行认真研究,在后续重印及再版时吸收改进,联系电话:010-88379375,联系邮箱:cmpgaozhi@sina.com。

机械工业出版社

# 前言 PREFACE

目前，我国物联网发展已经初步具备了一定的技术、产业和应用基础，呈现出良好的发展态势。据工业和信息化部数据显示，2015年我国物联网的销售收入达到7500亿元以上。近几年我国物联网产业发展的复合增长率达到了30%以上，充分体现了其强劲的发展势头。到2020年，我国物联网的整体规模有望突破18 000亿元。全球物联网应用仍处于发展初期，物联网在行业领域的应用逐步广泛深入，在公共市场的应用开始显现，M2M（机器与机器通信）、车联网、智能电网是近两年全球发展较快的重点应用领域。

因此，我国现阶段有大量的物联网专业技能人才的需求，职业院校开设物联网专业已经是迫在眉睫。在此背景下，许多院校都在加强物联网专业建设，抓住职业教育新一轮课改的契机，开发适用的教材，以顺应社会发展、学校发展的需要。

## 本书特色

本书设计基于项目式教学法，以工作任务为中心引领知识、技能，让学生在完成工作任务的过程中学习相关理论知识，培养学生的综合技能。在教材的编排上：强调学生的自主学习和探索，强调培养学生的自学能力。在教学过程中不断地根据项目的需求来学习，变被动地接受知识为主动地寻求知识，通过适量的学习资源来引导学生自主学习，在任务实施中强调对职业素养的渗透，改变学生传统的学习观，由"学会"到"会学"。

本书编写团队由具有丰富经验的一线竞赛指导教师和高级专业教师组成。编写过程中引入了技能竞赛资源，通过考察物联网企业，将企业资源和竞赛内容进行转化，以保证内容的科学性、新颖性和实用性。

## 本书内容

全书共4个综合实训项目：智慧商超综合实训、智慧医疗综合实训、智能空气环境监测综合实训以及智能家居综合实训。每个项目包含若干个任务，在任务中设置了任务描述、任务实施、知识提炼、能力拓展等教学环节。通过项目式的任务引入，注重程序性知识与技能的学习，并在此基础上深化理论基础知识的学习。这一流程的设计遵循先感性后理性、先具体后抽象的认知特点，注重对学生学习能力的培养，为其后续专业发展服务。

## 教学建议

本书建议采用互联网教学环境，在互动的环节中完成教学任务，教学参考学时数为80（见下表），教师可根据教学计划的安排、教学方式的选择（集中学习或分散学习）、教学内容的增删自行调节。

| 项　　目 | 学　　时 |
| --- | --- |
| 项目1　智慧商超综合实训 | 22 |
| 项目2　智慧医疗综合实训 | 16 |
| 项目3　智能空气环境监测综合实训 | 20 |
| 项目4　智能家居综合实训 | 22 |

 **编者与致谢**

本丛书由俞佳飞任主编。本书由佘运祥和苏豫全任主编,邱节、周光、刘金鑫和曾琳参加编写。其中,项目1由邱节和苏豫全编写、项目2由曾琳和刘金鑫编写,项目3由佘运祥和周光编写,项目4由苏豫全编写。佘运祥、刘金鑫参与了本书的部分材料收集和视频制作工作。本书还得到了许多行业、教育专家的大力支持和帮助,在此谨表示衷心的感谢。

由于编者水平有限,书中难免存在错误或疏漏,敬请广大读者批评指正。

编 者

# 二维码索引

| 序号 | 视频名称 | 图形 | 页码 | 序号 | 视频名称 | 图形 | 页码 |
|---|---|---|---|---|---|---|---|
| 1 | 小票打印机安装与配置 | | 4 | 7 | 模拟量设备 | | 113 |
| 2 | SQL数据库安装与配置 | | 19 | 8 | IIS服务器配置 | | 148 |
| 3 | .NET Framework 4.5安装与配置 | | 41 | 9 | 智慧社区PC端安装 | | 153 |
| 4 | 摄像头安装与配置 | | 70 | 10 | 编程1 | | 158 |
| 5 | 路由器安装与配置 | | 77 | 11 | 电动窗帘系统的安装 | | 179 |
| 6 | 医疗实验箱烧写指导书 | | 86 | | | | |

前言
二维码索引

## 项目1　智慧商超综合实训

【项目概述】

任务1　安装小票打印机 // 3
任务2　安装条码扫描枪 // 9
任务3　安装超高频读写器 // 11
任务4　安装桌面读写器 // 15
任务5　部署智慧超市系统数据库 // 18
任务6　部署智慧超市Web服务器 // 39
任务7　部署智慧超市移动商业端 // 49
任务8　智慧超市应用场景演示
　　　　——商品入库 // 59
任务9　智慧超市应用场景演示
　　　　——商品盘点和商品上架 // 62
任务10　智慧超市应用场景演示
　　　　——商品调价、缺货提醒 // 64
任务11　智慧超市应用场景演示
　　　　——商品智能结算 // 66

## 项目2　智慧医疗综合实训

【项目概述】

任务1　安装网络摄像机 // 70
任务2　安装医疗传感器 // 73
任务3　搭建网络环境 // 77
任务4　安装移动互联终端程序 // 80
任务5　安装数据库 // 82

任务6　诊疗演示 // 85

## 项目3　智能空气环境监测综合实训

【项目概述】

任务1　安装烟雾和火焰传感器 // 99
任务2　安装湿度传感器 // 106
任务3　安装风速、大气压力和
　　　　温湿度传感器 // 111
任务4　安装空气质量传感器 // 117
任务5　安装网络设备 // 120
任务6　安装SQL Server 2008数据库 // 126
任务7　搭建IIS服务器 // 148
任务8　安装移动端程序 // 152
任务9　开发温湿度数据获取程序 // 158

## 项目4　智能家居综合实训

【项目概述】

任务1　安装门禁系统 // 165
任务2　安装射灯 // 170
任务3　连接换气扇系统 // 173
任务4　安装报警灯系统 // 176
任务5　安装窗帘系统 // 179
任务6　设置A8控制器 // 182
任务7　设置协调器、节点板 // 186
任务8　控制射灯 // 191
任务9　控制窗帘 // 196
任务10　控制风扇 // 200
任务11　控制蜂鸣器 // 203

# 项目 1 PROJECT 1

# 智慧商超综合实训

## 项目概述

被能监测和分析健康数值的智能手环叫醒;洗漱完毕后早餐已经送到了家门口;楼下早已有预约的专车司机等候……这就是互联网给人们生活带来的改变。"互联网+""互联网思维""互联网变革"等无疑成为了人们讨论的热点。

当整个零售行业面临来自互联网电子商务日趋激烈的竞争时,当顾客对线下消费体验的期望不断攀升时,越来越多的零售品牌、商场、购物中心已经意识到传统零售与移动互联网的结合将成为改变实体零售业的一把钥匙,它紧密连接顾客,给顾客最优质的购物体验;它帮助品牌厂商和商户发现顾客的真正需求,找到最适合自己的定位;它帮助商场完成最真实的大数据市场调研,为实体零售业提升市场竞争力。智慧商超基于RFID和Wi-Fi通信技术实现的物联网智慧超市模型,为实体超市打造了一个虚拟的购物平台,设计了物联网智慧超市的标签识别、无线通信、数据库管理、智能结算等功能,让顾客有更好的购物体验。

本项目主要分为智慧商超的硬件搭建、智慧商超的软件设置、智慧商超应用场景演示3大部分。其中智慧商超的硬件搭建涉及小票打印机安装、条码扫描枪安装、超高频读写器安装等任务;智慧商超软件的设置包括SQL Server 2008的安装、IIS的搭建与设置、智慧商超移动端部署等;智慧商超应用场景演示包括商品入库演示、盘点演示、上架演示、缺货提醒等。

本项目所需的硬件设备如下:PC(已安装Windows 7操作系统)、PDA、移动终端(手机或平板式计算机)、移动互联终端(实验箱)、小票打印机、条码扫描枪、超高频读写器、超高频桌面读写器。所需软件有:小票打印机驱动程序、超高频桌面读卡器驱动程序、SQL Server 2008安装软件、.Net Framework 4.5安装包、豌豆荚同步软件、新版商超V1.0.apk等。

### 学习目标

1. 掌握智慧商超硬件设备的安装与连接
   包括移动互联终端实验箱、小票打印机、条码扫描枪、超高频读写器、超高频桌面读写器的安装与连接。
2. 掌握智慧商超涉及软件的安装
   包括小票打印机驱动程序、超高频桌面读卡器驱动程序、SQL Server 2008安装软件、.Net Framework 4.5安装包、豌豆荚同步软件、新版商超V1.0.apk的安装过程和使用方法。
3. 智慧商超应用场景演示
   包括商品入库、商品盘点、商品上架、商品调价、缺货提醒、智能结算等。

# 任务1　安装小票打印机

## 任务描述

该任务包括热敏式小票打印机的硬件安装、热敏式小票打印机的驱动程序安装、热敏式小票打印机的配置以及热敏式小票打印机的基本使用方法。任务前期准备热敏式小票打印机、小票打印机驱动程序、台式计算机（已安装Windows 7操作系统）。

## 任务实施

### 一、小票打印机的硬件连接

#### 1. 物品、接口介绍，如图1-1所示

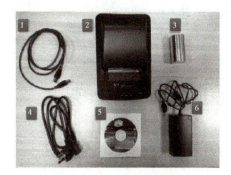

拆箱后，得到6样物品，分别为
1. USB数据线
2. 热敏打印机
3. 测试用打印纸
4. 电源线
5. 驱动光盘
6. 电源适配器

图1-1　小票打印机硬件部分

#### 2. 连接

1）将电源适配器与电源线连接。将电源线的一头插入打印机的电源线接口，然后将电源插头接电，如图1-2所示。

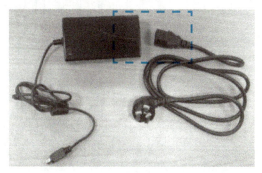

图1-2　电源适配器和电源线的连接

2）使用USB数据线将打印机与计算机连接在一起。

> **注意**
>
> 打印机的USB线必须插入固定的计算机USB接口才可以正常打印。
> 如果机箱后面没有多余的USB接口，请插在前置USB接口上。

3）打开电源按钮后，打印机的3个提示灯同时亮起并发出提示音，提示打印机缺纸，连接完成，如图1-3所示。

图1-3　小票打印机连接成功图

4）将打印纸装入打印机。
① 按<E>键开仓按钮，打开打印机纸仓。
② 打开热敏打印纸的封口。
③ 将热敏打印纸放入纸仓，并留出一部分。

## 二、小票打印机的设置

1）选择"开始"→"设备和打印机"命令，如图1-4所示。

扫描二维码观看视频

图1-4　选择"设备和打印机"命令

2）打开"设备和打印机"窗口，单击"添加打印机"按钮，如图1-5所示。

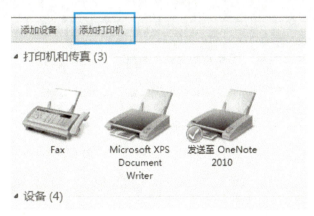

图1-5 "设备和打印机"窗口

3）系统弹出"添加打印机"对话框，选择打印机类型，由于是使用USB接口连接，所以选择"添加本地打印机"，如图1-6所示。

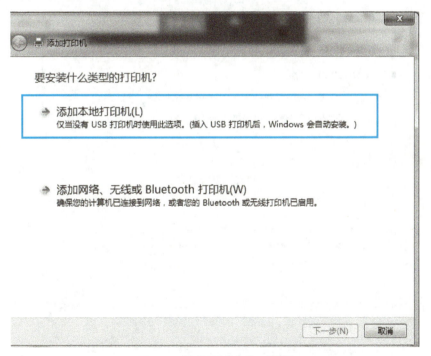

图1-6 "添加打印机"对话框

4）在弹出的向导对话框中选中"使用现有的端口"单选按钮，如果是并口打印机那么请选择LPT1（即并口1），如果是串口打印机那么请选择COM1或COM2（具体要根据打印机连接计算机的端口选择），然后单击"下一步"按钮，如图1-7所示。

5）在弹出的对话框中，单击"从磁盘安装（H）"按钮，如图1-8所示。

6）系统弹出"从磁盘安装"对话框，单击"浏览"按钮，在驱动程序光盘文件夹中选中需要安装的驱动程序，如图1-9所示。

图1-7 "选择打印机端口"对话框

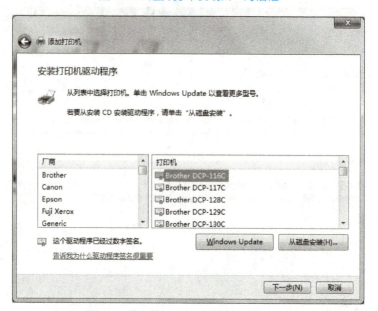

图1-8 "安装打印机驱动程序"对话框

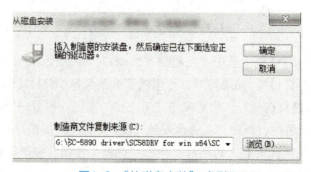

图1-9 "从磁盘安装"对话框

7)在弹出的"添加打印机"对话框中,为打印机指定一个名称,单击"下一步"按钮,如图1-10所示。

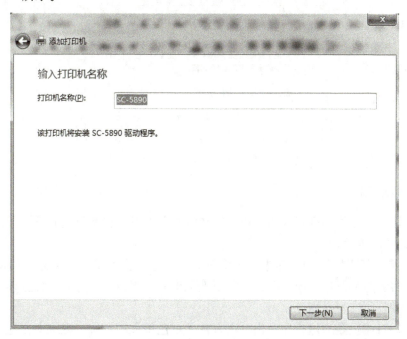

图1-10　输入打印机名称

8)选择是否共享该打印机,这一步根据用户的需要选择。如果只是本机使用,则选择不共享,如果其他计算机需要使用,则可以共享此打印机,如图1-11所示。

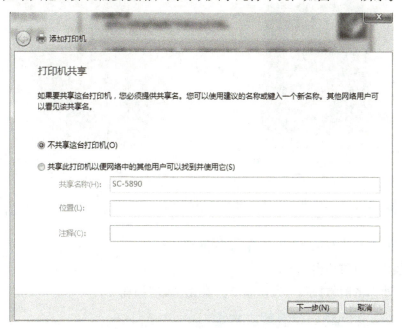

图1-11　选择是否共享打印机

9)在弹出的对话框中根据需要选择或取消是否设置为默认打印机。

10）打印测试页，如果打印成功，则说明打印机安装完成，如图1-12所示。

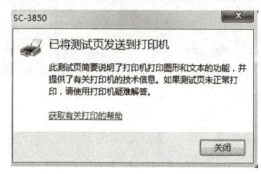

图1-12　打印测试页

### 知识提炼

小票打印机又称为票据打印机，目前有热敏式票据打印机和针式票据打印机两种，如图1-13和图1-14所示。

热敏式票据打印机通过发热体直接使热敏纸变色产生印迹，它的结构简单，体积小巧，并且还有噪声小、印字质量高、无须更换色带等优点，缺点是对热敏打印纸要求比较高，时间长了打印内容会褪色。

针式票据打印机是通过打印头出针击打色带把色带上的色迹印在纸上，也就是人们通常所说的点阵式运行方式。虽然针式票据打印机打印速度相对较慢，噪音比较大，但是支持多层打印。该项目使用的是热敏式票据打印机。

图1-13　热敏式票据打印机

图1-14　针式票据打印机

### 能力拓展

#### 1. 小票打印机安装过程中容易出现的问题

1）小票打印机打印出乱码。

2）打印小票的时候提示"通信端口已被占用或者损坏"。

#### 2. 针对以上问题，参考解决方案

1）重新安装一次驱动程序，检查软件中设置的端口是否正确，检查CMOS设置里面的并口模式，一般建议设置为通用的ECP+EPP的模式；另外，也可以考虑更新打印管理器。

2）主要原因就是端口设置有问题或者确实有其他设备占用了该端口，可能该端口在COMS中被屏蔽了，只要重新打开端口就可以，还可能是计算机本来没有并口，如笔记本式计算机，但是在设置的时候选择了LPT1口，打印时就有可能出现问题，修改一下端口设置（改为"无"）就可以了。

# 任务2　安装条码扫描枪

## 任务描述

该任务包括条码扫描枪的介绍、条码扫描枪的设备安装连接等内容。

## 任务实施

条码扫描枪设备连接。

1) 按不同的接口来区分扫描枪上不同的连接方式。

① USB接口一般是即插即用的。条码扫描枪的USB接口与计算机连接即可。

② 键盘接口：Y形电缆：一头连接计算机键盘接口，一头连接键盘，还有一头连接扫描枪。

③ 串口：一头连接计算机串口，一头连接扫描枪。串口一般需要外接电源，而键盘接口和USB接口都能够提供5V电源。

2) 连接之后，将会听见扫描枪"嘀嘀嘀"地响3声。

3) 条码扫描枪安装完成后不需要安装驱动。

### 知识链接：什么是条码扫描枪

条码扫描枪也称条码扫描器，作为光学、机械、电子、软件应用等技术紧密结合的高科技产品，是继键盘和鼠标之后的第3代主要的计算机输入设备。扫描枪自20世纪80年代诞生以来，得到了迅猛的发展和广泛的应用，从最直接的图片、照片、胶片到各类图样图形以及文稿资料都可以用扫描枪输入到计算机中，进而实现对这些图像信息的处理、管理、使用、存储或输出。

## 知识提炼

### 条码扫描枪分类

#### （1）手持式扫描枪

手持式扫描枪是以1987年推出的技术形成的产品，外形很像超市收款员使用的条码扫描枪。手持式扫描枪绝大多数采用CIS技术，光学分辨率为200DPI，有黑白、灰度、彩色多种类型，其中彩色类型的一般为18位彩色。

(2) 小滚筒式扫描枪

它是手持式扫描枪和平台式扫描枪的中间产品（近几年有新的产品出现，因内置供电且体积小被称为笔记本扫描枪），这种产品绝大多数采用CIS技术，光学分辨率为300DPI，有彩色和灰度两种，彩色类型的一般为24位彩色。也有极少数小滚筒式扫描枪采用CCD技术，扫描效果明显优于CIS技术的产品，但由于结构限制，体积一般明显大于CIS技术的产品。小滚筒式的设计是将扫描枪的镜头固定，而移动要扫描的物体通过镜头来扫描，运作时就象打印机那样，要扫描的物体必须穿过机器再送出，因此，被扫描的物体不可以太厚。

(3) 平板式扫描枪

它又称为平台式扫描枪、台式扫描枪，如今在市面上大部分的扫描枪都属于平板式扫描枪，是如今的主流。这类扫描枪的光学分辨率在300～8000DPI之间，色彩位数从24位到48位，扫描幅面一般为A4或者A3。平板式扫描枪的好处在于像使用复印机一样，只要把扫描枪的上盖打开，不管是书本、报纸、杂志、照片底片都可以放在上面扫描，相当方便，而且扫描出的效果也是常见各类扫描枪中最好的。

(4) 其他类型

其他的还有大幅面扫描用的大幅面扫描枪、笔式扫描枪、条码扫描枪、底片扫描枪（注意不是平板扫描枪加透扫，效果要好得多，价格当然也贵）、实物扫描枪（不是有实物扫描能力的平板式扫描枪，有点类似于数字照相机），还有主要用于工业印刷排版领域的滚筒式扫描枪等。

## 能力拓展

常见的平板式扫描枪一般由光源、光学透镜、扫描模组、模拟数字转换电路加塑料外壳构成。它利用光电元器件将检测到的光信号转换成电信号，再将电信号通过模拟数字转换器转化为数字信号传输到计算机中处理。当扫描一副图像时，光源照射到图像上后反射光穿过透镜会聚到扫描模组上，由扫描模组把光信号转换成模拟数字信号（即电压，它与接收到的光的强度有关），同时指出那个像素的灰暗程度。这时候模拟—数字转换电路把模拟电压转换成数字信号，传送到计算机中。颜色用RGB三色的8、10、12位来量化，即把信号处理成上述位数的图像输出。如果有更高的量化位数，则意味着图像能有更丰富的层次和深度，但颜色范围已超出人眼的识别能力。所以在可分辨的范围内对于人们来说，更高位数的扫描枪扫描出来的效果颜色衔接平滑，能够看到更多的画面细节。

# 任务3　安装超高频读写器

## 任务描述

该任务包括超高频读写器的介绍、超高频读写器的安装连接。

## 任务实施

### 超高频RFID读写器设备连接

1）对准连接器接口，连接电源线，如图1-15所示。

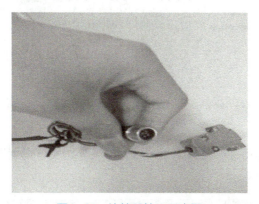

图1-15　连接器接口示意图

2）将DB9头不需要用到的预留线用黑胶布分开，否则相互干扰，影响串口服务器的正常工作，如图1-16所示。

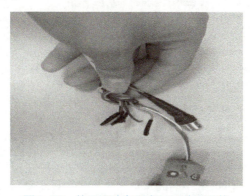

图1-16　使用黑胶布隔离DB9头预留线

3）将超高频RFID读写一体机连接到串口服务器的第3个COM口上。

4）在超高频RFID读写器配套资料文件目录中找到"超高频中距离读写器配置程序"，双击"UHFReader18demomain.exe"文件。

5）在配置程序里，打开COM3串口，如图1-17所示。

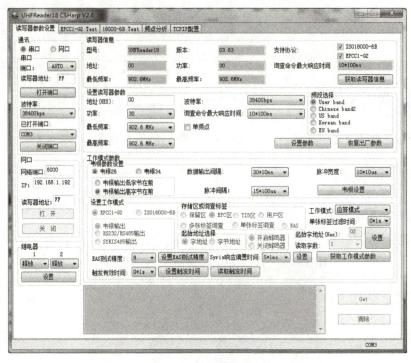

图1-17 通信端口

6) 因为后面在商超场景中需要使用"应答模式",所以设置RFID的工作模式为"应答模式",如图1-18所示。

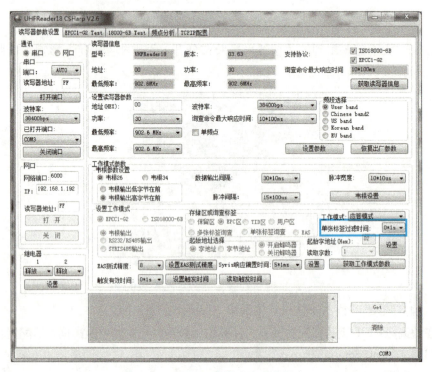

图1-18 设置工作模式为应答模式

7）测试是否连接成功。

① 在配置软件中，选择"EPCC1-G2 Test"选项卡，如图1-19所示。

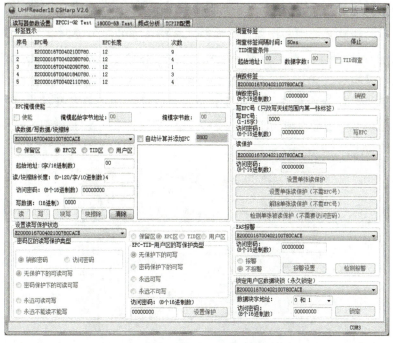

图1-19 "EPCC1-G2 Test"选项卡

② 在读卡器上放一张超高频标签，单击"查询标签"按钮，如果左边有标签ID显示，则表示设备连接成功，否则表示设备连接不成功，如图1-20所示。

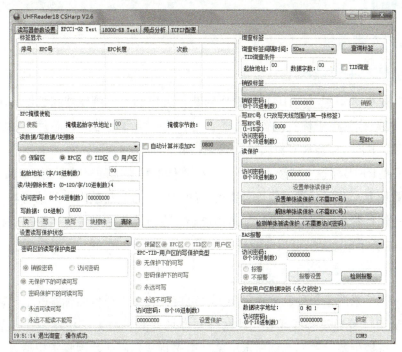

图1-20 查询标签

> **知识链接：什么是超高频读写器**
>
> 超高频RFID技术具有能一次性读取多个标签、穿透性强、可多次读写、记忆容量大、无源电子标签成本低、体积小、使用方便、可靠性高和寿命长等特点，得到了世界各国的重视。超高频读写器目前已经渗透到各行各业的应用管理中，RFID超高频读写器设备如图1-21所示，既可以直接连接到用户的PC上作为一个RFID标签读写器设备独立使用，又可以作为用户应用系统的一部分，嵌入用户系统中。超高频RFID的核心技术主要包括：防碰撞算法、低功耗芯片设计、UHF电子标签天线设计、测试认证等。国内在超高频自动识别技术研发上滞后国际水平2~3年，虽然已形成一批专利技术，但数量较少。
>
>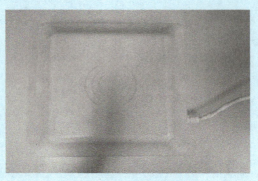
>
> 图1-21 超高频读写器

# 知识提炼

### 常用的超高频设备

#### 1. 超高频不干胶标签

电子标签是射频识别（RFID）的通俗叫法，它由标签、解读器和数据传输处理系统3部分组成，也被称为电子标签或智能标签。它是带有天线的芯片，芯片中存储有能够识别目标的信息。RFID标签具有持久性，信息接收传播穿透性强，存储信息容量大、种类多等特点。有些RFID标签支持读写功能，目标物体的信息能随时被更新。RFID电子标签在单品级的管理上，利用标签内芯片可读可写的功能，对商品从生产到销售均可以更透明化、数据化地进行管理，同时也可实施防伪措施。仓储物流和销售中的大宗货物，可利用RFID超高频电子标签优良的群读性能进行管理。

#### 2. 电子货架标签介绍与连接

电子货架标签系统是一种放置在货架上、可替代传统纸质价格标签的电子显示装置，每一个电子货架标签通过有线或者无线网络与商场计算机数据库相连，并将最新的商品价格通过电子货架标签上的显示屏显示出来。电子货架标签成功地将货架纳入了计算机程序，摆脱了手动更换价格标签的状况，实现了收银台与货架之间的价格一致性。

### 3. 高频卡介绍

高频卡主要是指13.56MHz的RFID卡，属于非接触式IC卡。非接触式IC卡又称射频卡，成功地解决了无源（卡中无电源）和免接触这一难题，是电子器件领域的一大突破。高频卡是目前用得非常多的一种卡，提高了工作效率，降低了人工成本，可用于校园一卡通、门禁、超市、会员管理等场所，应用广泛，安全性高。

## 能力拓展

超高频读写器主要含有接收器和发送器以及控制单元和阅读器天线。RFID读写器是通过阅读器天线与RFID电子标签进行通信的，这样就可以有效地实现对各种标签的识别码以及内存数据进行读写操作。

RFID读写器可以实现对RFID不同频道的读写，这样更加方便对各种被标记物体进行识别，功能更加强大。而且RFID读写器进行数据传输还支持无线、GRPS以及蓝牙等，数据传输更加方便，突破了有线传输的局限性。

依据标签内部有无供电，RFID标签分为被动式、半被动式（也称为半主动式）、主动式3类。

主动式标签本身具有内部电源供应器，用以供应内部IC所需的电源以产生对外的信号。一般来说，主动式标签拥有较长的读取距离并可容纳较大的内存容量，可以用来存储读取器所传送来的一些附加信息。主动式标签可借由内部电力，随时主动发射内部标签的内存资料到读取器上。

最常见的是被动射频系统，当解读器遇见RFID标签时，发出电磁波，周围形成电磁场，标签从电磁场中获得能量激活标签中的微芯片电路，芯片转换电磁波，然后发送给解读器，解读器把它转换成相关数据。控制计算器就可以处理这些数据从而进行管理控制。

# 任务4　安装桌面读写器

## 任务描述

该任务包括桌面读写器的介绍与连接、不干胶标签介绍、电子货架标签介绍与连接、高频卡介绍。

## 任务实施

### 1. 桌面读写器连接

(1) 硬件安装

1)将桌面读写器放在桌面。

2)将桌面读写器与客户端PC连接,听到"嘀嘀"的2声表明安装成功。

(2) 驱动程序安装

1)双击驱动程序软件,按照弹出的对话框配置,单击"Next"按钮,如图1-22所示。

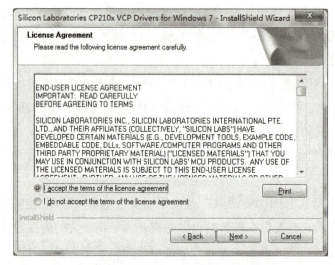

图1-22 超高频桌面读写器驱动程序安装界面1

2)单击"Install"按钮,最后单击"Finish"按钮,如图1-23所示。

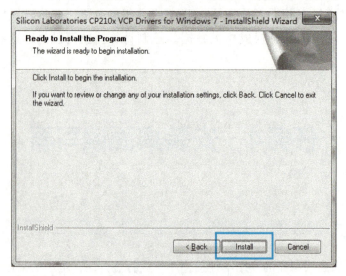

图1-23 超高频桌面读写器驱动程序安装界面2

3）在对话框中单击"Install"按钮，最后弹出"Success"对话框，说明安装成功，如图1-24所示。

图1-24　超高频桌面读写器驱动程序安装界面3

2. 桌面读写器连接

1）将桌面读写器放置在桌面上。

2）使用数据线将高频桌面读写器与客户端PC连接，无须接电源、无须安装驱动程序，听到"嘀"的一声表明安装成功，如图1-25所示。

图1-25　高频桌面读写器

### 知识提炼

#### 桌面读写器介绍

自动识别技术具有能一次性读取多个标签、穿透性强、可多次读写、数据的记忆容量大、无源电子标签成本低、体积小、使用方便、可靠性高和寿命长等特点，得到了世界各国的重视。其应用领域已逐步由涉车应用，转为现代物流、电子商务、交通管理、电子政务以及军事管理等各个领域,超高频RFID已开始进入高速成长期。RFID超高频桌面读写器是为配合用户在后台或者管理中心进行发卡管理而生产的。UHF频段的超高频桌面读写器设备,是采用先进的射频接收线路设计及嵌入式微控制器,结合高效译码算法,具有接收灵敏度高、工作电流小、单直流电源供电、价位低、性能高等特点。

当桌面读写器上电后蜂鸣器会响一声表示开始工作,当卡接近RFID桌面读写器时,蜂鸣器响一声表示发送数据,同一个IC卡,两次读卡之间的间隔可以通过软件设置。在读卡后,若IC卡仍在射频卡感应区内,则读写器将不做任何提示,也不发送数据,但超过间隔时间或不同ID的卡进入射频卡感应区范围内时,读写器将连续读卡并输出数据。

## 能力拓展

图1-26所示是一款小型桌面式读写器,兼容ISO 18000-6C和ISO 18000-6B标准,其工作频率为902~928MHz,用于短距离识别或者后台发卡器管理的小型一体化读写器,外形小巧、易于携带,适用于人员门禁、图片文档管理以及在后台进行电子标签读、写、授权、格式化等操作。

读写器由模拟部分和数字部分组成。模拟部分即射频发射模块和射频接收模块,数字部分包括主控模块、电源管理模块和接口模块。

图1-26 小型桌面式读写器

### 桌面读写器介绍

高频(HF)的射频识别设备工作于13.56MHz频段,系统通过天线线圈电感耦合来传输能量,通过电感耦合的方式磁场能量下降较快。磁场信号具有明显的读取区域边界,主要应用于识别1m以内的人员或物品。

桌面读写器基本的功能是提供与标签进行数据传输的途径以及用于向标签提供能量。另外,读写器还提供复杂的信号处理与控制、通信等功能。读写器由模拟部分和数字部分电路组成。模拟部分即射频发射模块和射频接收模块,数字部分包括主控模块、电源管理模块和接口模块。

# 任务5 部署智慧超市系统数据库

## 任务描述

该任务包括SQL Server 2008的安装以及配置,SQL Server 2008的基本使用方法,完成物联网商业应用系统数据库部署等内容。

## 任务实施

### 1. Microsoft SQL Server 2008数据库的安装

（1）软硬件条件

1）SQL Server 2008安装光盘、镜像ISO文件或安装包。

2）已安装Windows 7操作系统的计算机。

扫描二维码观看视频

（2）安装过程

1）插入SQL Server 2008安装光盘、加载镜像ISO文件或在安装包中双击"setup.exe"，进入"SQL Server 安装中心"，如图1-27所示。

2）单击界面左侧的"安装"按钮，然后单击右侧的"全新安装或向现有安装添加功能"按钮，如图1-28所示。

3）进入"SQL Server 2008 R2安装程序"界面，首先是"安装程序支持规则"对话框，操作完成之后，单击"确定"按钮，如图1-29所示。

4）选择SQL Server 2008版本并填写密钥，进入"许可条款"对话框，选择"我接受许可条款"，直接单击"下一步"按钮，如图1-30所示。

5）进入"安装程序支持文件"对话框，单击"安装"按钮，开始安装支持文件，如图1-31所示。

6）安装完成之后，进入"安装程序支持规则"对话框，单击"显示详细信息"按钮可以看到详细的规则列表，更正所有可能出现的问题，单击"下一步"按钮，如图1-32所示。

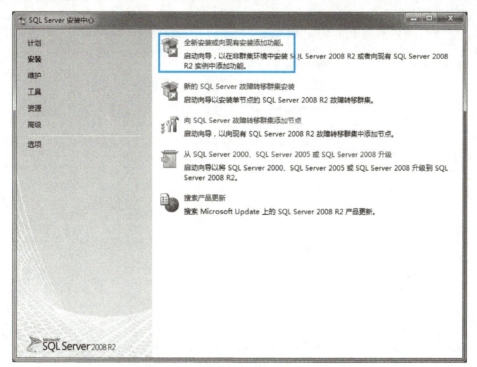

图1-27　SQL Server安装中心

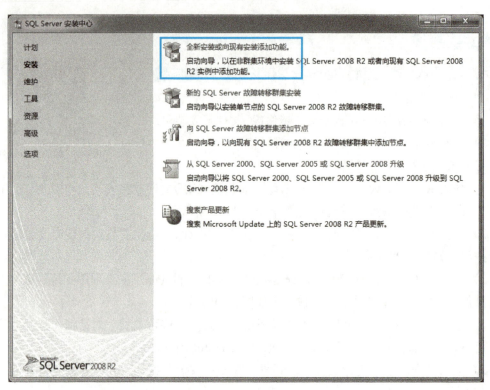

图1-28 选择安装方式

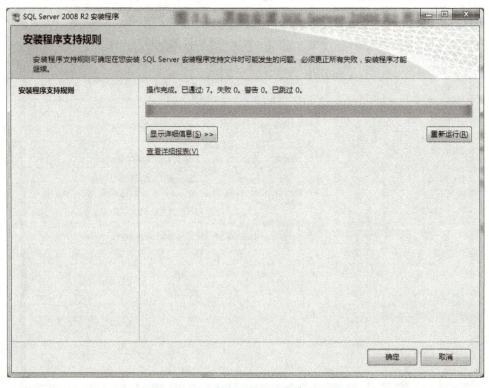

图1-29 "安装程序支持规则"对话框

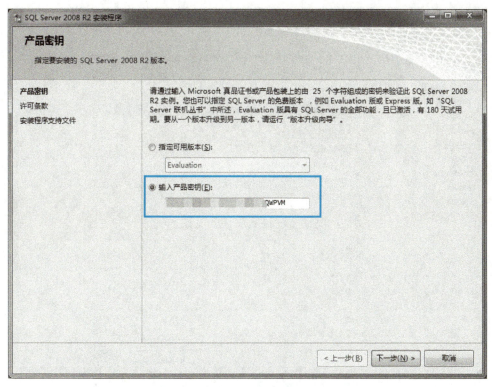

图1-30 填写密钥

图1-31 "安装程序支持文件"对话框

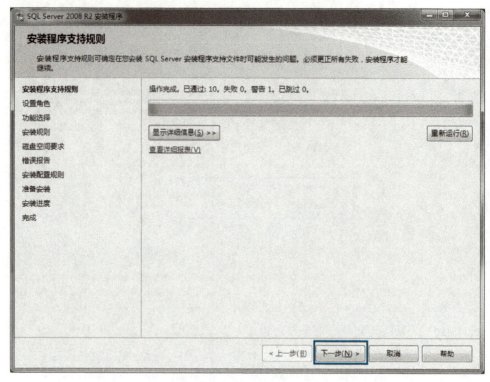

图1-32 "安装程序支持规则"对话框

7）选中"SQL Server功能安装"单选按钮，单击"下一步"按钮，如图1-33所示。

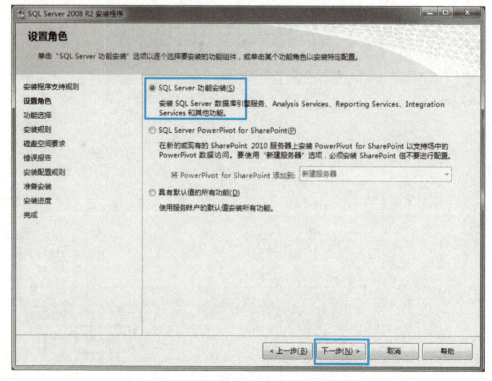

图1-33 选择SQL Server功能安装界面

8)进入"功能选择"对话框,根据需要选择具体的功能,并且可以改变安装位置。本项目选择全部功能,设置完成后,单击"下一步"按钮,如图1-34所示。

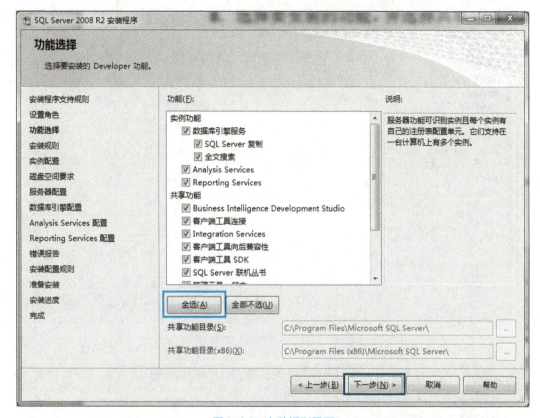

图1-34 安装规则界面

9)出现"安装规则"对话框,安装程序进行检查,以确定安装是否继续,全部通过后单击"下一步"按钮,如图1-35所示。

10)进入"实例配置"对话框,直接选中"命名实例"单选按钮,设置SQL Server实例的名称和ID,其他都按照默认设置,单击"下一步"按钮,如图1-36所示。

11)进入"磁盘空间要求"对话框,显示磁盘的使用情况,可以直接单击"下一步"按钮,如图1-37所示。

12)进入"服务器配置"对话框,单击"对所有SQL Server服务使用相同的账户"按钮,选择"NT AUTHORITY\SYSTEM",然后单击"下一步"按钮即可,如图1-38所示。

13)为所有SQL Server服务账户指定一个用户名和密码,确定后单击"下一步"按钮,如图1-39所示。

14)进入"数据库引擎配置"对话框,单击"添加当前用户"按钮指定SQL Server管理员。这样管理员就是系统管理员。设置好之后,直接单击"下一步"按钮,如图1-40所示。

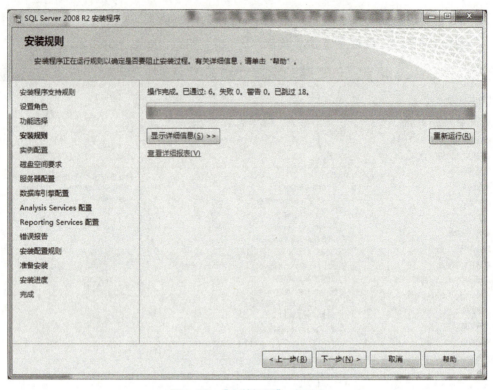

图1-35 "安装规则"对话框

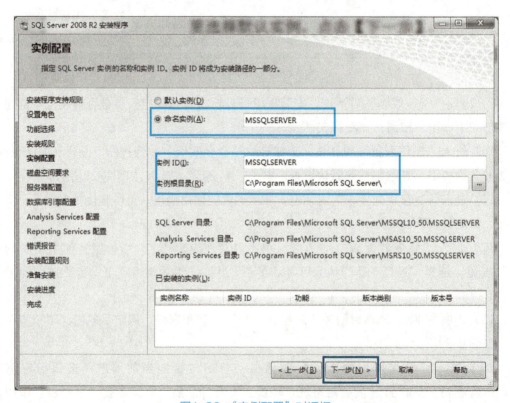

图1-36 "实例配置"对话框

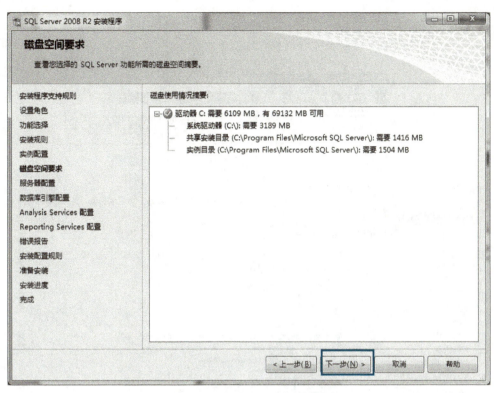

图1-37 "磁盘空间要求"对话框

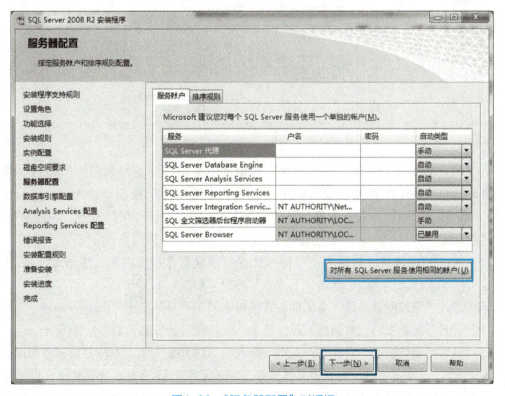

图1-38 "服务器配置"对话框

图1-39 "为所有SQL Server服务账户指定一个用户名和密码"对话框

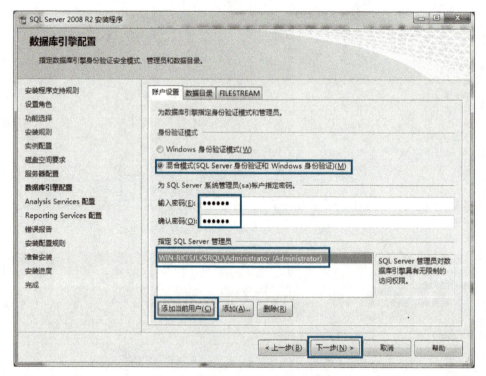

图1-40 "数据库引擎配置"对话框

15)在"Analysis Services配置"对话框中单击"添加当前用户"按钮,指定具有Analysis Services管理权限的用户。单击"下一步"按钮,进入"Reporting Services配置"对话框,直接按照默认选择第1项,单击"下一步"按钮,如图1-41和图1-42所示。

16)在"错误报告"对话框中,可以选择将错误报告相关内容发送给Mircosoft公司,也可以不进行选择,然后单击"下一步"按钮,如图1-43所示。

17)进入"安装配置规则"对话框,直接单击"下一步"按钮,如图1-44所示。

18)进入"准备安装"对话框,单击"安装"按钮开始安装,如图1-45所示。

19)进入"安装进度"对话框,SQL Server 2008开始安装,等待安装完成即可,如图1-46所示。安装完成后,会列出具体安装了哪些功能,提示安装过程完成,这时单击"下一步"按钮,可进入"完成"对话框,提示"SQL Server 2008安装已成功完成"。

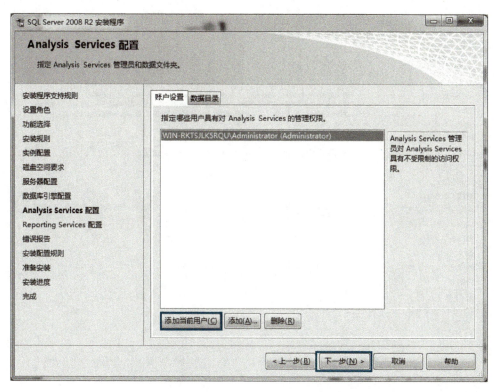

图1-41 "Analysis Services配置"对话框

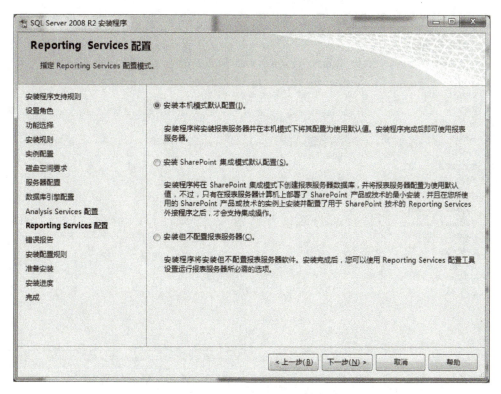

图1-42 "Reporting Services配置"对话框

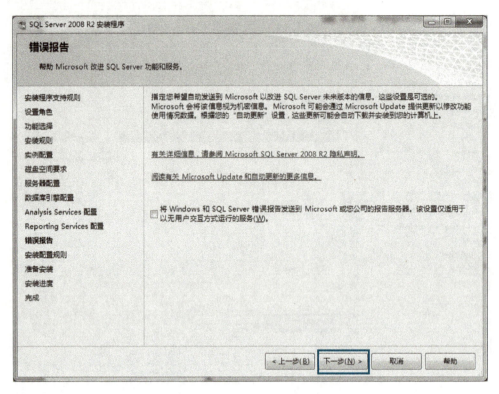

图1-43 "错误报告"对话框

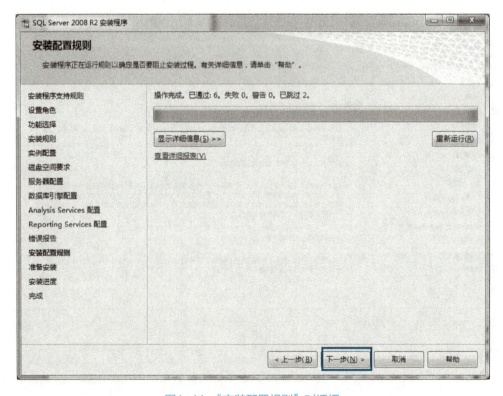

图1-44 "安装配置规则"对话框

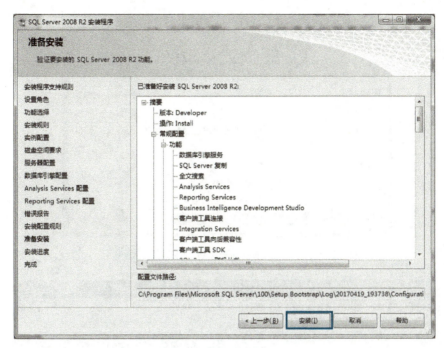

图1-45 "准备安装"对话框

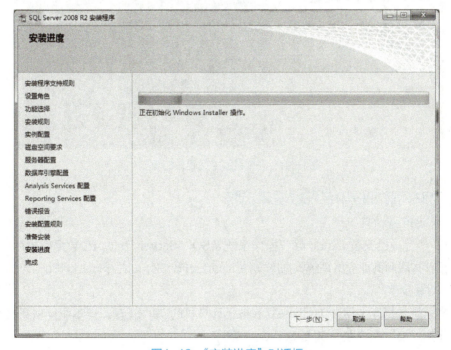

图1-46 "安装进度"对话框

20）安装完成后，选择"开始"→"程序"命令，找到SQL Server Management Studio并打开，出现SQL Server 2008登录界面，输入服务器名称、登录名和密码，单击"连接"按钮，数据库连接成功后，将出现连接成功对话框，至此Microsoft SQL Server 2008数据库安装成功，如图1-47和图1-48所示。

图1-47　SQL Server 2008 R2登录对话框

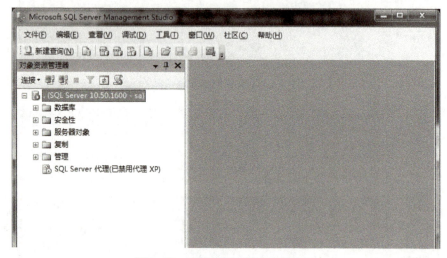

图1-48　连接数据库成功后的窗口

## 2. 物联网商业应用系统数据库部署

(1) 部署准备

1) PC一台（已安装Windows 7操作系统及SQL Server 2008 R2数据库软件）。

2) 已有物联网商业应用系统数据库文件ISmarketForGZ.mdf、ISmarketForGZ_log.ldf。

(2) 配置步骤

1) 将系统数据库文件夹Database复制自己计算机的D盘或E盘，但不能复制到桌面上。

2) 使用"sa"账户登录SQL Server 2008。

3) 在"数据库"上单击鼠标右键，在弹出的快捷菜单中选择"附加（A）"命令，如图1-49所示。

4) 在"附加数据库"对话框，单击"添加"按钮将会出现"定位数据库文件"对话框，选择刚才复制到硬盘上的"ISmarketForGZ.mdf"文件进行附加操作，如图1-50和图1-51所示。

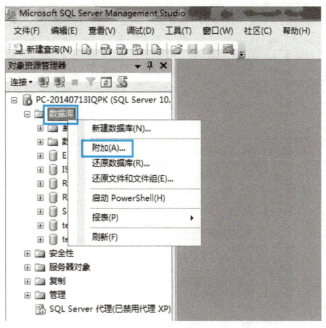

图1-49 "附加"命令

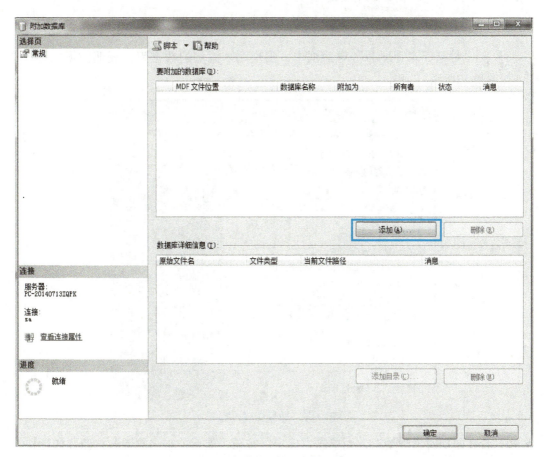

图1-50 "附加数据库"对话框

图1-51 "定位数据库文件"对话框

5）在"对象资源管理器"对话框中，出现刚才添加的数据库，表明数据库导入完成，如图1-52所示。

图1-52 数据库导入完成

6）若在附加时出现错误，则单击"确定"按钮，然后单击"删除"按钮，如图1-53和图1-54所示。

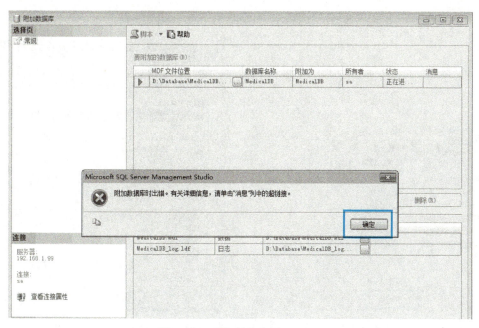

图1-53 附加数据库错误界面1

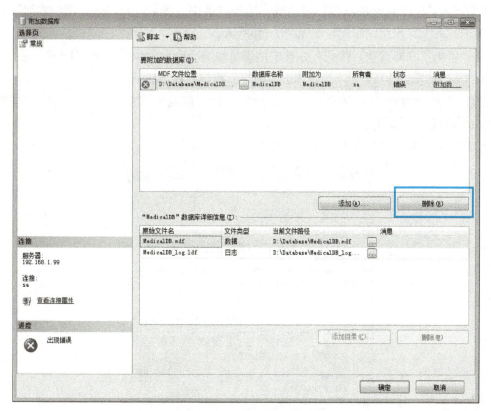

图1-54 附加数据库错误界面2

7)找到Database文件所在的位置,然后单击鼠标右键,在弹出的快捷菜单中选择"属性"命令,如图1-55所示。

8)在"属性"窗口"安全"选项卡中添加用户名,如图1-56所示。

图1-55 Database文件

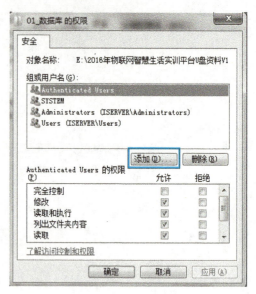

图1-56 添加用户名

9)进入"Database的权限"对话框,单击"添加"按钮打开"选择用户或组"对话框,单击"高级"按钮,如图1-57和图1-58所示。

10)单击"立即查找"按钮,在搜索结果里找到"Everyone",如图1-59所示。

11)双击"Everyone",然后单击"确定"按钮,如图1-60所示。

12)找到Everyone,然后把"完全控制"和"修改"选中,单击"确定"按钮后Everyone的权限就添加完成,如图1-61所示。

然后重复第3)~6)步的操作,就可以附加完成了。

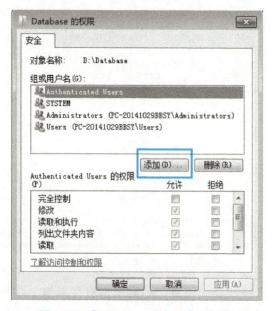

图1-57 "Database的权限"对话框

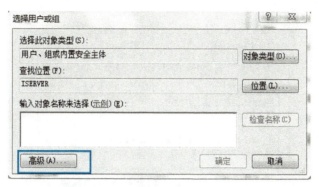

图1-58 "选择用户或组"对话框

图1-59 "立即查找"

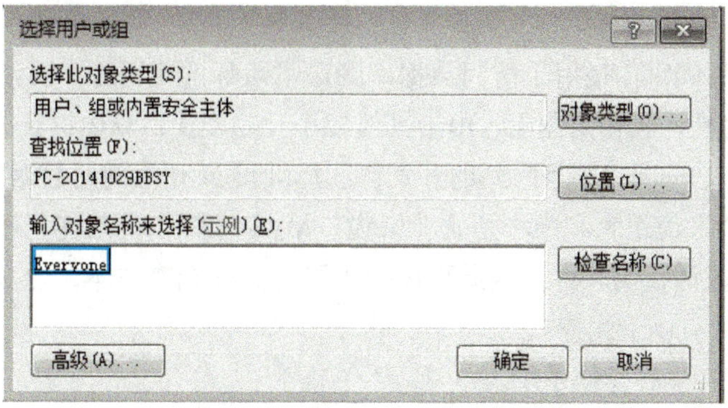

图1-60 搜索Everyone

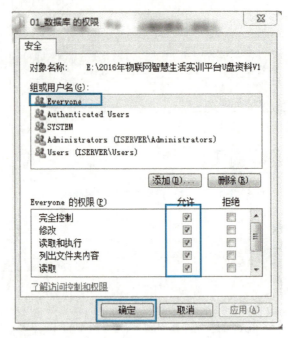

图1-61　设置Everyone的权限

## 知识提炼

### 数据库分类

目前，市场上常用的数据库管理系统有MySQL、Oracle、Sybase、DB2、SQL Server等。

#### 1. MySQL

MySQL是一个关系型数据库管理系统（Relational Database Management System，RDBMS），由瑞典MySQL AB公司开发，目前属于Oracle旗下产品。MySQL是流行的关系型数据库管理系统之一，在Web应用方面，是很好的RDBMS应用软件。关系型数据库将数据保存在不同的表中，而不是将所有数据放在一个大仓库内，这样就增加了访问速度并提高了灵活性。

MySQL所使用的SQL是用于访问数据库的最常用标准化语言。MySQL 软件采用了双授权政策，分为社区版和商业版，由于其体积小、速度快、总体拥有成本低，尤其是开放源代码这一特点，一般中小型网站的开发都选择MySQL作为网站数据库。

对于一般的个人使用者和中小型企业来说，MySQL提供的功能已经绰绰有余，而且由于MySQL是开放源代码软件，因此可以大大降低总体拥有成本。与其他数据库管理系统相比，MySQL具有以下优势：

1）MySQL支持多种操作系统。

2）MySQL使用C和C++语言编写，使用了多种编译器测试，保证了源代码的可移植性。

3）MySQL是开源的，不需要支付任何费用。

4）MySQL优化了SQL查询算法，有效提高了查询速度。

5）既能够作为一个单独的应用程序应用在客户端/服务器网络环境中，也能够作为一个库嵌入其他软件中。

6）有多种数据库连接途径，例如，ODBC和JDBC。

7）支持大型数据库，可处理上千万条记录。

## 2. Oracle

Oracle Database，又名Oracle RDBMS或简称Oracle，是甲骨文公司的一款关系型数据库管理系统。Oracle数据库系统是目前世界上流行的关系型数据库管理系统之一，系统可移植性好、使用方便、功能强，适用于各类大型机、中型机、小型机、微机环境。它是一种高效率、可靠性好的适应高吞吐量的数据库解决方案。

RSI在1979年的夏季发布了可用于DEC公司的PDP-11计算机上的商用Oracle产品，整合了比较完整的SQL实现。

1983年，为了突出公司的核心产品，RSI再次更名为Oracle。Oracle从此正式走入人们的视野。

1983年3月，RSI发布了用C语言重新写的Oracle第3版。

1984年10月，Oracle发布了第4版产品。产品的稳定性得到了一定的增强。

1985年，Oracle发布了5.0版。这个版本算得上是Oracle数据库的稳定版本。这也是首批可以在Client/Server模式下运行的的RDBMS产品。

1988年发布Oracle第6版，对数据库核心进行了重新改写，引入了行级锁（row-level locking）这个重要的特性。

1992年6月Oracle第7版发行，增加了许多新的性能特性：分布式事务处理功能、增强的管理功能、用于应用程序开发的新工具以及安全性方法。

1997年6月，Oracle第8版发布。Oracle 8支持面向对象的开发及新的多媒体应用，这个版本也为支持Internet、网络计算等奠定了基础。同时这一版本开始具有同时处理大量用户和海量数据的特性。

1998年9月，Oracle公司正式发布Oracle 8i。"i"代表Internet，这一版本中添加了大量为支持Internet而设计的特性。Oracle 8i成为第一个完全整合了本地Java运行时环境的数据库，用Java就可以编写Oracle的存储过程。

2001年6月，Oracle发布了Oracle 9i。在Oracle 9i的诸多新特性中，最重要的就是Real Application Clusters（RAC）了。

2003年9月8日，Ellison宣布下一代数据库产品为"Oracle 10g"。这一版的最大的特性就是加入了网格计算的功能。

2007年11月，Oracle 11g正式发布，功能上得到了大大加强。11g是甲骨文公司近30年来发布的最重要的数据库版本，根据用户的需求实现了信息生命周期管理（Information Lifecycle Management）等多项创新。大幅提高了系统性能安全性，全新的Data Guard最大化了可用性，利用全新的高级数据压缩技术降低了数据存储的支出，明显缩短了应用程序测试环境部署及分析测试结果所花费的时间，增加了RFID Tag、DICOM医学图像、3D空间等重要数据类型的支持，加强了对Binary XML的支持和性能优化。

Oracle数据库有以下特点：

1）完整的数据管理功能。
2）数据的大量性。
3）数据的保存的持久性。
4）数据的共享性。
5）数据的可靠性。

### 3. SQL Server

SQL（Structured Query Language，结构化查询语言）的主要功能就是同各种数据库建立联系，进行沟通。SQL Server是由Microsoft开发和推广的关系型数据库管理系统（DBMS）。

SQL Server是一个可扩展的、高性能的、为分布式客户机/服务器计算所设计的数据库管理系统，实现了与Windows操作系统的有机结合，提供了基于事务的企业级信息管理系统方案。

其主要特点如下：

1）高性能设计，可充分利用Windows操作系统的优势。
2）系统管理先进，支持Windows图形化管理工具，支持本地和远程的系统管理和配置。
3）强大的事务处理功能，采用各种方法保证数据的完整性。
4）支持对称多处理器结构、存储过程、ODBC，并具有自主的SQL。

SQL Server以其内置的数据复制功能、强大的管理工具、与Internet的紧密集成和开放的系统结构为广大用户、开发人员和系统集成商提供了一个出众的数据库平台。目前常用的版本是SQL Server 2008，它只能在Windows操作系统上运行。

2008年10月，SQL Server 2008简体中文版在中国正式上市。SQL Server 2008出现在微软数据平台愿景上是因为它使得公司可以运行他们关键任务的应用程序，同时降低了管理数据基础设施的成本。

SQL Server 2008版本可以将结构化、半结构化和非结构化文档的数据直接存储到数据库中。可以对数据进行查询、搜索、同步、报告和分析之类的操作。数据可以存储在各种设备上，从数据中心最大的服务器一直到桌面计算机和移动设备，它都可以控制数据而不用管数据存储在哪里。

SQL Server 2008允许使用Microsoft .NET和Visual Studio开发的自定义应用程序中使用数据，在面向服务的架构（SOA）和通过Microsoft BizTalk Server进行的业务流程中使用数据。信息工作人员可以通过日常使用的工具直接访问数据。

这个平台有以下特点：

1）可信任：使得公司可以以很高的安全性、可靠性和可扩展性来运行他们最关键任务的应用程序。

2）高效：使得公司可以降低开发和管理他们的数据基础设施的时间和成本。

3）智能：提供了一个全面的平台，可以在用户需要的时候发送观察信息。

## 能力拓展

1）身份验证模式最好设置为"混合模式"，如果未选择"混合模式"，一旦以后想要使用SQL Server 2008身份验证模式，则需要修改验证模式，比较麻烦，倒不如一步到位。

2）记住内置的SQL Server系统管理员账户的密码。

3）记住安装时设置的数据库文件、Log文件及备份文件的存放地址。

4）数据库实例最好选择默认实例。

5）要确保运行检查及自身检查不存在错误项。

6）设置数据库定时清除数据（由于环境监控的数据量很大，所以需要一天清理一次环境数据）。

7）服务设置为自动启动，否则在重启服务器后作业就不运行了。

# 任务6　部署智慧超市Web服务器

## 任务描述

本任务主要介绍与物联网应用层相关的Web服务器技术和部署过程，IIS服务器安装。要求学生了解.NET Framework 4.5的作用，掌握.NET Framework 4.5的安装流程、智慧商超系统Web服务端部署。

## 任务实施

### 1. IIS服务器的安装

**安装准备**：已安装Windows 7操作系统的计算机一台。

**安装过程**：

1）打开控制面板，单击"程序"按钮，如图1-62所示。

图1-62　控制面板

2）单击"打开或关闭Windows功能"按钮，如图1-63所示。

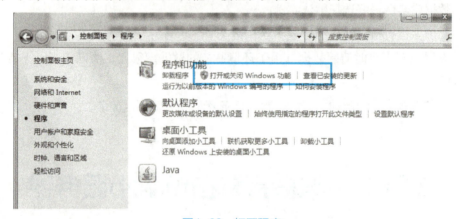

图1-63　打开程序

3）将Internet信息服务下的所有选项打勾，然后单击"确定"按钮，如图1-64所示。

图1-64　打开IIS管理服务

> **知识链接：什么是Web服务器**
>
> WWW（World Wide Web）是万维网的缩写，简称为3W或Web，也称为全球信息网，为欧洲粒子物理研究中心（CERN）人员所设计。它采用了一种称为超文本（HTML）的标记语言来组织文件，将文本、图像、声音和动画等多种媒体组合在一起，形成图文并茂的多媒体信息资源，并且可以构造交互式的图文并茂的用户界面，极大地增强了信息的表达和组织能力，从而成为Internet上最有生命力的一个服务。人们现在所浏览的各种网站，绝大多数的内容结构都是基于WWW所设计。
>
> WWW系统采用浏览器/服务器（C/S）结构。在客户端，WWW系统以浏览器软件为平台，用于接收、显示超文本信息。在服务器端，定义了一种组织多媒体文件的标准——超文本标记语言（HyperText Markup Language，HTML），按HTML格式储存的文件被称作超文本文件，也就是人们常见的Web网页。这些网页以超链接（Hyperlink）的方式连接为一个整体——网站，并通过WWW服务器端进行发布，以供客户端的浏览器访问。

## 2．.NET Framework 4.5安装

安装准备：已安装Windows 7操作系统的计算机一台、.NET Framework 4.5安装包。

安装步骤：

1）双击dotnetfx45_full_x86_x64.exe，进入.NET Framework 4.5的安装界面，如图1-65所示。

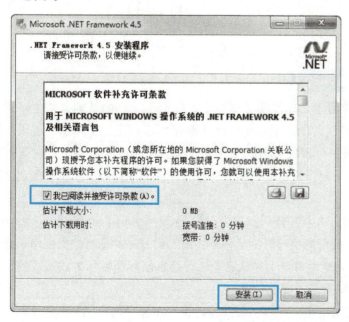

扫描二维码观看视频

图1-65　.NET Framework 4.5开始安装

2）出现安装进度条，程序安装过程需要等待几分钟，如图1-66所示。

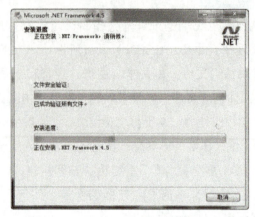

图1-66  .NET Framework 4.5程序安装过程

3）安装完成后，单击"完成"按钮，.NET Framework 4.5安装成功，如图1-67所示。

图1-67  .NET Framework 4.5程序安装完成

> **知识链接：什么是.NET Framework**
>
> 　　有许多程序设计师和使用者，非常渴望有一个完善而且透明的基础架构，来建立Web Services（互联网服务）。.NET Framework 就是为了满足这个需求而提供的基础架构。.NET Framework安全解决方案基于管理代码的概念以及由通用语言运行时（CLR）加强的安全规则。大部分管理代码需要进行验证以确保类型安全及预先定义好的其他属性的行为的安全。
>
> 　　.NET Framework 包括了3大部分：第一个部分是Common Language Runtime（CLR，所有.NET程序语言公用的执行时期组件）；第二部分是共享对象类别库（提供所有.NET 程序语言所需要的基本对象）；第三个部分是重新以组件的方式写成的（旧版本则是以asp.dll提供ASP网页所需要的对象）。
>
> 　　.NET Framework 具有两个主要组件：公共语言运行库和 .NET Framework类库。公共语言运行库是 .NET Framework 的基础，它提供内存管理、线程管理和远程处理

等核心服务，并且还强制实施严格的类型安全以及可提高安全性和可靠性的其他形式的代码准确性。.NET Framework的另一个主要组件是类库，它是一个综合性的面向对象的可重用类型集合，可以使用它开发多种应用程序，这些应用程序包括传统的命令行或图形用户界面（GUI）应用程序，也包括基于所提供的最新的应用程序（如Web窗体和XML Web Services）。

.NET Framework的目的就是要让建立Web Services以及互联网应用程序的工作变得简单，要想在某台计算机上使用.NET编写的程序，必须事先安装.NET Framework。

### 3. 智慧商超系统Web服务器端部署

部署准备：已安装Windows 7操作系统的计算机一台、Service（Web）V1.0.0.0.rar软件包。

部署过程：

1）在"开始"菜单中搜索IIS，然后单击"IIS管理器"，如图1-68所示。

图1-68　搜索IIS

2）进入"Internet信息服务管理器"窗口，在左边目录"网站"下的"Default Web Site"上单击鼠标右键，在弹出的快捷菜单中选择"添加应用程序"命令，如图1-69所示。

3）将Service（Web）V1.0.0.0.rar文件复制到本机上并解压缩，网站"别名"输入"ISmarketForGZ"，"应用程序池"选择"ASP.NET v4.0"，"物理路径"设置为文件位置，即Service（Web）文件所在的位置。全部完成后，单击"确定"按钮，完成Web服务器的配置，如图1-70所示。

4）找到"软件包\Service（Web）V1.0.0.0\Release"的文件夹或者直接在IIS上添加的商超应用程序上单击鼠标右键，在弹出的快捷菜单中，选择"浏览"命令，找到

Web.config并打开，如图1-71所示。

图1-69 "Internet信息服务管理器"窗口

图1-70 "添加应用程序"对话框

5）Web.config文件配置。在文件中设置手机端进行扫码购物后跳转到的Web页面。文件中的IP地址要改成实际服务器端的IP地址，并填写连接数据库的用户名及密码。

图1-71 Web.config配置

6)如果操作系统安装的是64位的,则商超应用程序添加完成后,打开"Internet信息服务管理器"窗口,找到左边树状目录的"应用程序池",在右边的"操作"栏中单击"高级设置",如图1-72所示。

7)进入后,将"启用32位应用程序"设置成"True",如图1-73所示。

图1-72 高级设置

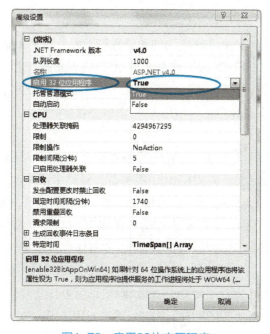

图1-73 启用32位应用程序

8)以上步骤完成后,在IE中浏览http://localhost/ISmarketForGS2017/YDProList.aspx。如果能够显示如图1-74所示的页面,则说明IIS和数据库正常运行,Web服务器部署成功。

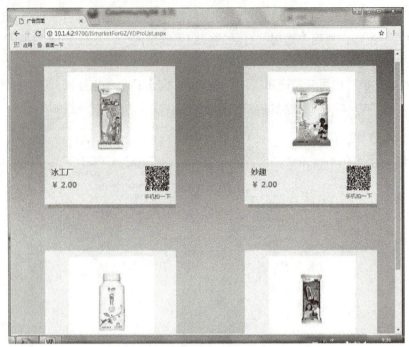

图1-74 Web服务器部署成功测试界面

### 知识提炼

#### 常用Web服务器

在UNIX和Linux平台下使用最广泛的免费HTTP服务器是Apache和Nginx服务器，而Windows平台下NT/2000/2003操作系统使用IIS的Web服务器。在选择使用Web服务器时应考虑的特性因素有：性能、安全性、日志和统计、虚拟主机、代理服务器、缓冲服务和集成应用程序等。下面介绍几种常用的WEB服务器。

（1）Apache

Apache是世界上使用排名第一的Web服务器软件。它可以运行在几乎所有广泛使用的计算机平台上。Apache源于NCSAhttpd服务器，经过多次修改，成为世界上最流行的Web服务器软件之一。Apache取自"a patchy server"的读音，意思是充满补丁的服务器，因为它是自由软件，所以不断有人来为它开发新的功能、新的特性、修改原来的缺陷。Apache的特点是简单、速度快、性能稳定，并可做代理服务器来使用。

（2）IIS

IIS（Internet Information Server，Internet信息服务）是微软公司主推的服务器，较新的版本是Windows Server 2008里面包含的IIS 7。IIS与Windows Server完全集成在一起，因而用户能够利用Windows Server和NTFS（NT File System，NT的文件系统）内置的安全特性，建立强大、灵活而安全的Internet和Intranet站点。

（3）Nginx

Nginx不仅是一个小巧且高效的HTTP服务器，而且可以做一个高效的负载均衡反向代理，通过它接受用户的请求并分发到多个Mongrel进程可以极大提高Rails应用的并发能力。

(4) Lighttpd

Lighttpd是由德国人Jan Kneschke领导开发的，基于BSD许可的开源Web服务器软件，其根本的目的是提供一个专门针对高性能网站，安全、快速、兼容性好并且灵活的Web Server环境。它具有非常低的内存开销、CPU占用率低、效能好以及丰富的模块等特点。Lighttpd是众多OpenSource轻量级的Web Server中较为优秀的一个。支持FastCGI、CGI、Auth、输出压缩（Output Compress）、URL重写、Alias等重要功能。

(5) BEA WebLogic

BEA WebLogic是用于开发、集成、部署和管理大型分布式Web应用、网络应用和数据库应用的Java应用服务器。将Java的动态功能和Java Enterprise标准的安全性引入大型网络应用的开发、集成、部署和管理之中。BEA WebLogic Server拥有处理关键Web应用系统问题所需的性能、可扩展性和高可用性。

(6) Tomcat

Tomcat是Apache软件基金会（Apache Software Foundation）的Jakarta项目中的一个核心项目，由Apache、Sun和其他一些公司及个人共同开发而成。由于有了Sun的参与和支持，最新的Servlet和JSP规范总是能在Tomcat中得到体现。因为Tomcat技术先进、性能稳定而且免费，因而深受Java爱好者的喜爱并得到了部分软件开发商的认可，成为目前比较流行的Web应用服务器。

## 能力拓展

### 1. Web服务器的工作原理

Web服务器的工作一般可分成如下4个步骤：连接过程、请求过程、应答过程以及关闭连接，如图1-75所示。

(1) 客户端发送请求

客户端（通过浏览器）和Web服务器建立TCP连接，连接建立以后，向Web服务器发出访问请求（如get）。根据HTTP，该请求中包含了客户端的IP地址、浏览器的类型和请求的URL等一系列信息。

(2) 服务器解析请求

Web服务器对请求按照HTTP进行解码来确定进一步的动作，设计的内容有3个要点：方法（GET）、文档（/sample.html）和浏览器使用的协议（HTTP/1.1）。其中方法告诉服务器应完成的动作，GET方法的含义是服务器应定位、读取文件并将它返回给客户。

(3) 读取其他信息（非必须步骤）

Web服务器根据需要去读取请求的其他部分。在HTTP/1.1下，客户还应给服务器提供关于它的一些信息。元信息（metainformation）可用来描述浏览器及其能力，以使服务器能据此确定如何返回应答。

（4）完成请求的动作

若现在没有错误出现，WWW服务器将执行请求所要求的动作。要获取（GET）一个文档，Web服务器在其文档树中搜索请求的文件（/sample.html）。这是由服务器机器上作为操作系统一部分的文件系统完成的。若文件能找到并可正常读取，则服务器将把它返回给客户。如果成功则文件被发送出去。如果失败则返回错误指示。

（5）关闭文件和网络连接，结束会话

当文件已被发邮或错误已发出后，Web服务器结束整个会话，如图1-75所示。

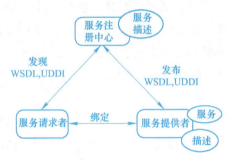

图1-75　Web服务器工作原理

## 2．IIS使用过程中容易出现的错误和解决办法

1）HTTP错误"500.19 – Internal Server Error"无法访问请求的页面，因为该页的相关配置数据无效。

解决方法：查找站点目录的属性，添加用户权限。

2）IIS中"HTTP Error 500.23 – Internal Server Error"的问题。

解决办法1：进入IIS控制台，在右边的"高级设置"中找到"应用程序池"，选择"Class .NET AppPool"后单击"确定"按钮即可。

解决方法2：进入应用程序池也可以设置，把"集成"改成"经典"即可。

3）错误"Could not load file or assembly 'XXXXXXXX' or one of its dependencies"，试图加载格式不正确的程序。

解决方法：IIS程序池所在的Windows操作系统下.Net Framework是64位的，要想正确使用，需要对程序池进行配置。

4）无法识别的属性"targetFramework"，请注意属性名称区分大小写。

解决方法：请检查其特定错误详细信息并适当地修改配置文件。

5）错误"HTTP Error 500.21 – Internal Server Error"。

解决方法：选择"开始"→"所有程序"→"附件"命令，打开"命令提示符"以管理员身份运行"%windir%\Microsoft.NET\Framework\v4.0.30319\aspnet_regiis.exe"。

## 任务7　部署智慧超市移动商业端

### 任务描述

本任务主要介绍与物联网应用层相关的移动商业端的部署,包括豌豆荚同步软件安装与使用、移动端新版商超程序安装和部署、PC端程序的新版商超程序安装和部署、PDA环境部署。

### 任务实施

#### 1. 豌豆荚同步软件的安装

安装准备:豌豆荚安装包、移动互联终端(带数据线)。

安装步骤:

1)找到豌豆荚应用程序,双击该程序,在弹出的窗口上单击"立即安装"按钮,如图1-76所示。

图1-76　安装豌豆荚

2)在弹出的对话框中选择"安装位置",如图1-77所示。

3)在安装过程界面,等待安装需要几分钟时间,如图1-78所示。

4)安装完成后,弹出如图1-79所示的对话框,单击"开始使用"按钮。

5)豌豆荚将为移动互联终端寻找驱动程序并连接手机,如图1-80所示。

6)连接成功后,将鼠标停放在豌豆荚软件的手机位置上单击"全屏"按钮,如果能看到手机的背景桌面及存储情况,则表明豌豆荚安装成功了,如图1-81所示。

图1-77 选择安装位置

图1-78 豌豆荚安装过程

图1-79 豌豆荚安装完成

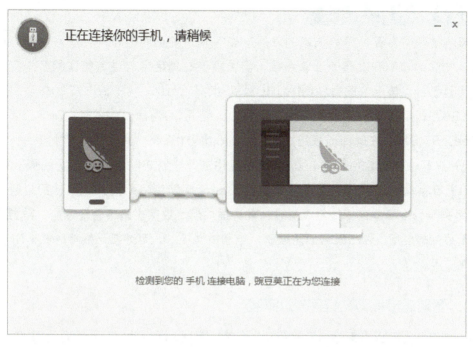

图1-80 安装驱动程序并连接手机

图1-81 豌豆荚安装成功

> **知识链接：物联网嵌入式系统**
>
> 随着物联网、云计算等技术的发展，嵌入式系统正面临着向物联网系统的华丽转身。物联网基础开发移动互联终端（实验箱）是满足当前主流物联网教学实验的综合实验平台。该平台配备SAMAUNG公司ARM Cortex-A8 S5PV210核心CPU，内存1GB，板载丰富的主流物联网应用接口，包括3G通信、Wi-Fi、GPS、蓝牙、ZigBee、RFID等。在软件上采用主流的Android操作系统。实验箱功能主要有：基于Android进行嵌入式软件开发，基于ARM架构进行嵌入式硬件平台开发，基于3G、Wi-Fi进行移动互联网软件开发，支持ZigBee、蓝牙传感网网关应用，配合嵌入式ARM系列平台主机软件操作系统及硬件周边插件满足数字家庭、智能家居、微型传感器及无线传感应用，GPS综合应用教学，丰富扩展接口，可外接无线传感器、RFID、二维码应用。

### 2．智慧超市移动端程序安装部署

安装准备：移动互联终端（实验箱）、安装好豌豆荚同步软件、新版商超V1.0.apk。

安装步骤：

1）打开豌豆荚同步软件（也可以使用其他手机同步软件）。

2）双击新版商超V1.0.apk，弹出是否安装对话框，单击"安装"按钮，如图1-82所示。

图1-82　新版商超程序安装界面

3）在移动互联终端上将出现"新版商超"的图标，如图1-83所示。

4）在移动互联终端上找到"设置"图标，如图1-84所示。

5）选择无线网络设置，将平板式计算机同前面配置的其他设备接入同一网段，单击"Wi-Fi设置"后输入密码，如图1-85所示。

6）单击左下方IP地址设置按钮，将IP地址改为服务器的IP地址，如图1-86所示。

图1-83　新版商超移动端安装成功

图1-84　"设置"图标

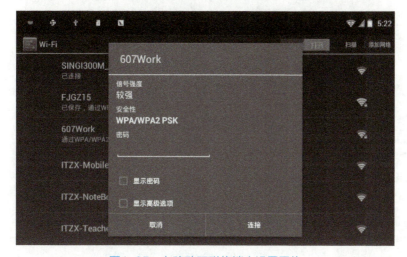

图1-85　在移动互联终端中设置网络

图1-86　新大陆智慧社区系统移动互联终端IP地址设置

### 3．智慧超市PC端程序安装部署

部署环境：已安装Windows7的计算机一台（硬盘空间30GB以上、内存2GB以上、CPU G630以上、.NET Framework 4.5）

部署步骤：

1）双击"物业端.exe"进行安装。

2）安装完成后，找到PcStoreClient.exe.config文件，用记事本修改打开该文件，如图1-87和图1-88所示。

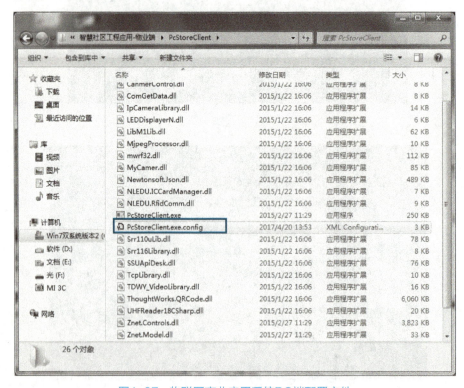

图1-87　物联网商业应用系统PC端配置文件

```
<!--============智慧社区(商超)版本的修改时间在2015.1.28以后的配置以下信息即可==============-->

<!--收银RFID Com口、端口-->
<add key="DoorAntennaIp" value="COM5"/>
<add key="DoorAntennaPort" value="3841"/>

<!--桌面超高频USB模拟成COM口-->
<add key="SRR1100U" value="COM11"/>

</appSettings>
<startup><supportedRuntime version="v4.0" sku=".NETFramework,Version=v4.5"/></startup>
<system.serviceModel>
  <bindings>
    <basicHttpBinding>
      <binding name="WebServiceXMLSoap" closeTimeout="00:01:00" openTimeout="00:01:00" receiveTimeout="00:10:00"
          sendTimeout="00:01:00" allowCookies="false" bypassProxyOnLocal="false" hostNameComparisonMode="StrongWildcard"
          maxBufferSize="65536" maxBufferPoolSize="524288" maxReceivedMessageSize="65536" messageEncoding="Text"
          textEncoding="utf-8" transferMode="Buffered" useDefaultWebProxy="true">
        <readerQuotas maxDepth="32" maxStringContentLength="8192" maxArrayLength="16384" maxBytesPerRead="4096"
            maxNameTableCharCount="16384"/>
        <security mode="None">
          <transport clientCredentialType="None" proxyCredentialType="None" realm=""/>
          <message clientCredentialType="UserName" algorithmSuite="Default"/>
        </security>
      </binding>
    </basicHttpBinding>
  </bindings>
  <client>
    <!--中心服务器服务页面地址 -->
    <endpoint address="http://192.168.14.223/ISmarketForGZ/serviceXML/WebServiceXML.asmx" binding="basicHttpBinding"
        bindingConfiguration="WebServiceXMLSoap" contract="ServiceReference1.WebServiceXMLSoap" name="WebServiceXMLSoap"/>
  </client>
</system.serviceModel>
</configuration>
```

图1-88　物联网商业应用系统PC端配置信息

### 4．智慧超市手机端程序安装部署

部署准备：新版商超V1.0.apk安装程序、已经安装并打开豌豆荚同步软件。

部署步骤：

1）双击新版商超V1.0.apk安装程序，出现是否安装对话框，单击"安装"按钮，如图1-89所示。

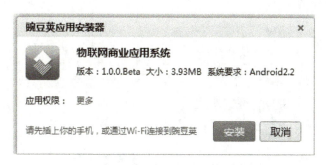

图1-89　智慧超市手机移动互联终端程序安装界面

2）安装完成后，在手机上出现"新版商超"的图标，单击该图标，出现智慧商超的登录界面。单击矩形框中的"设置"按钮，设置好服务器IP地址。输入用户名和密码，单击"登录"按钮，登录成功后出现智慧商超应用界面，表明软件安装并配置成功，如图1-90所示。

图1-90　智慧商超系统手机端登录成功界面

### 5．PDA端运行环境部署与软件安装

部署准备：已安装Windows 7操作系统并已部署好智慧商超系统Web服务器的计算机一台、盘点PDA及相关软件工具。

部署步骤：

1）双击"ForX86.exe"，在Windows 7操作系统上安装Windows Mobile设备中心。

2）安装完之后，将PDA用连接线连接到计算机上，计算机上会显示PDA便携式设备，如图1-91所示。

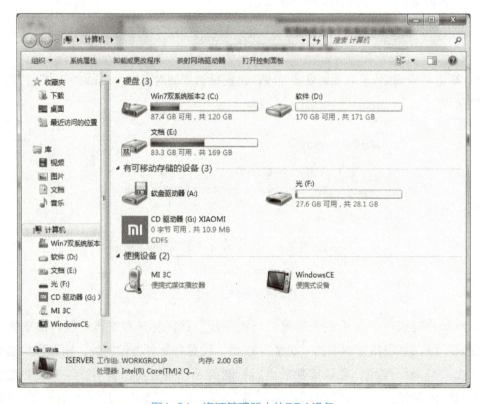

图1-91　资源管理器中的PDA设备

3）双击设备图标，将"NETCFv35.Messages.zh-CHS.cab"和"NETCRv35.wce.armv4.cab"文件复制到"PDA/D35FLASH/test/"文件夹下（这个是PDA的.NET运行环境），如图1-92所示。

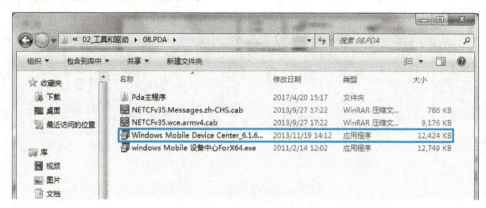

图1-92　需要复制的文件

4）将PDA客户端程序（文件夹位置为"03_软件安装包\06_PDA"）复制到"PDA/D35FLASH"文件夹下，如图1-93所示。

5）双击该文件夹下名为Client（PDA）V1.0.0.4.CAB的压缩文件，单击"OK"按钮，安装程序。

6）单击"我的设备"下的"Program Files"文件夹，找到"SuperMarketClient"，打开就会找到主程序"Pda Client"。

7）打开PDA上"我的设备/D35FLASH/test/"，安装刚放进去的.NET环境。

8）安装完成之后，在PDA的路径"我的设备/D35FLASH/test/"中找到并双击"commMgr"图标，选中"Enable Wlan"打开网络。

9）双击任务栏网络连接图标，进入网络连接界面，选择无线信息并找到EDUTLD，选中后单击"连接"按钮。

图1-93　D35FLASH下的PDA主程序

10) 单击PDA桌面的IE图标，访问192.168.14.1，如果能够显示路由器的配置页面，则说明PDA已经成功连接网络，未成功请重新配置PDA，如图1-94所示。

11) 在"我的设备/Program Files/SuperMarketClient/"双击"PdaConfig.exe"，如果能够正常运行，则说明PDA的.NET环境安装完成，如图1-95所示。

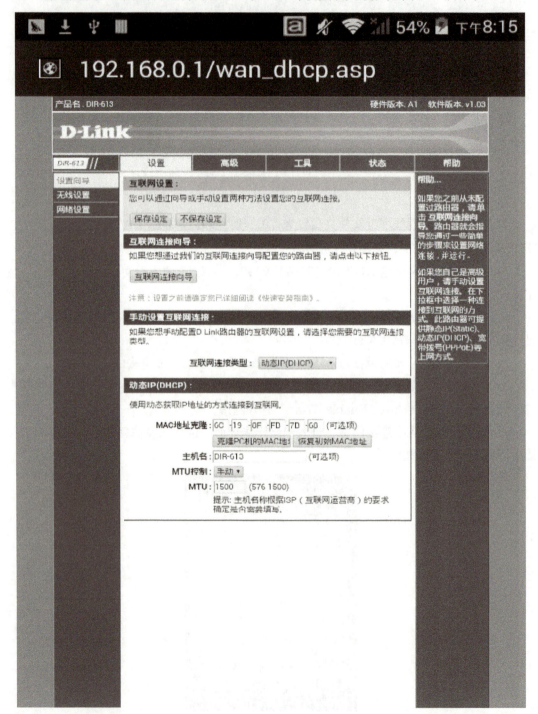

图1-94　路由器的配置页面

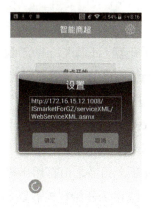

图1-95 设置

12)至此盘点PDA设置完成。

# 任务8  智慧超市应用场景演示
## ——商品入库

### 任务描述

本任务主要介绍物联网智慧超市商品入库。

### 任务实施

实施流程图,如图1-96所示。

图1-96 实施流程

### 1．PDA盘点入库

1）PDA运行环境设置。打开盘点PDA，在"我的设备/D35FLASH/test/"运行，打开无线网络。

2）打开PDA客户端程序。进入"我的设备/D35FLASH/PdaClent/"，运行"PdaClient.exe"。

3）单击"商品入库"按钮，如图1-97所示。

4）单击PDA上的"扫描"按钮，扫描之前打印出来的条码；扫描到商品之后再次单击"扫描"按钮，开始扫描需要入库的商品的RFID（可以入库多个商品）。

5）商品入库完成后单击"扫描结束"按钮，商品入库完成。

图1-97 "商品入库"

> **知识链接：什么是PDA设备**
>
> PDA相当于一个移动的计算机，无须数据导入导出，只需要连接Wi-Fi即可使用。在PDA上通过扫描条码的方式，完成采购入库、销售出库、仓库盘点、自动生成后台计算机可以看到的单据，无须导入导出，无须手工在计算机里录单，无须在进销存里做任何设置。无缝对接好之后，连接Wi-Fi就可以使用了，不占用计算机，不占用点数。也就是说以前放置一台计算机在仓库专门录单入库，现在不用这台计算机了，而用PDA现场扫描入库。

### 2．PC客户端商品入库

1）单击"基础信息管理"图标，由于系统默认将所有商品都已经进行入库，所以预留了一个推荐删除的，在商品的备注中已标明删除一个商品。

2）使用条码扫描枪扫描要入库商品的条码，并录入价格名称等信息，单击"提交"按钮，如图1-98所示。

图1-98 录入商品信息

## 知识提炼

### PDA入库优势

1）从开单方面说，PDA开单可以不受计算机限制，可以进行移动式的操作。

2）从盘点方面说，PDA可以扫描进行，移动式地进行，不受计算机、网络限制，大大减轻了企业的盘点工作量。

3）PDA中的程序又可以提供出入库的验货操作，提高出入库的正确率。

## 能力拓展

### 常用PDA入库的种类

**（1）条码扫描器**

PDA条码扫描器，又称为条码阅读器、条码扫描枪、条形码扫描器、条形码扫描枪及条形码阅读器。它是用于读取条码所包含信息的阅读设备，利用光学原理，把条码的内容解码后通过数据线或者无线的方式传输到计算机或者别的设备。广泛应用于超市、物流快递、图书馆等扫描商品、单据的条码。

条码扫描器通常也被人们称为条码扫描枪/阅读器，是用于读取条码所包含信息的设备，可分为一维、二维条码扫描器。条码扫描器的结构通常包含以下几个部分：光源、接收装置、光电转换部件、译码电路、计算机接口。扫描枪的基本工作原理为：由光源发出的光线经过光学系统照射到条码符号上面，被反射回来的光经过光学系统成像在光电转换器上，经译码器解释为计算机可以直接接受的数字信号。条码扫描器还可以分类为CCD、全角度激光和激光手持式条码扫描器。

**（2）射频识别**

射频识别即RFID（Radio Frequency Identification）技术，又称电子标签、无线射频识别，是一种通信技术，可通过无线电信号识别特定目标并读写相关数据，而无须识别系统与特定目标之间建立机械或光学接触。常用的有低频（125～134.2kHz）、高频（13.56MHz）、超高频、无源等技术。RFID读写器也分移动式的和固定式的，RFID技术应用很广，如图书馆、门禁系统、食品安全溯源等。

**（3）超高频PDA**

超高频PDA就是用来读取RFID标签的，在读取超高频标签中具有很大的优势。超高频的电子标签在读写距离上有很大的优势。

# 任务9　智慧超市应用场景演示
## ——商品盘点和商品上架

## 任务描述

本任务主要介绍物联网智慧超市商品盘点演示与商品的上架演示。

## 任务实施

### 1. PDA商品盘点演示

1）打开"新版商超"客户端软件，单击"盘点开始"按钮。

2）选择要盘点的区域，然后单击"扫描条码"按钮，最后按键盘上的<Scan>键扫描条码（支持多个商品）。

3）单击"开始盘点"按钮，使用PDA对准RFID标签移动实现商品扫描（如果选择了货架或者所有，则需要到超市陈列架去扫描商品）。

4）扫描结束后单击"上传数据"按钮。

### 2. 商品盘点查看

1）PDA盘点查看。打开"新版商超"客户端软件，单击"盘点查看"按钮。

2）移动端盘点查看。在移动终端单击"盘点查看"按钮。

> **知识链接：PDA盘点**
>
> 所谓盘点是指定期或临时对库存商品的实际数量进行清查、清点的作业，即为了掌握货物的流动情况（入库、在库、出库的流动状况），对仓库现有物品的实际数量与保管账上记录的数量相核对，以便准确地掌握库存数量。PDA盘点，借助于一维条码、二维码技术等，可随时轻松进行盘点，全面解决资产管理中工作量大、账账不符、账实不符等问题，规范管理资产变动，自动生成管理人员分析报告数据，最大化辅助固定资产的有效管理。

### 3. 商品上架

1）在仓库PC端单击"基础信息管理"图标。

2）在商品入库界面上单击"商品入库"按钮，如图1-99所示。

3）在需要上架的商品右边单击"入库"按钮，入库时将商品位置选为"货架"，系统就认为这个商品已上架，如图1-100所示。

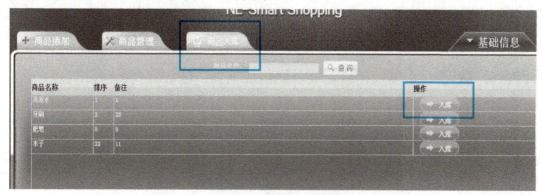

图1-99　商品入库界面

图1-100　商品入库详细信息

# 知识提炼

### PDA盘点的特点

通过数据线与计算机相连用于接收或上传数据，经过二次开发编制符合不同客户的需求，直接进行盘点管理，具有体积小、重量轻、高性能并适于手持等特点，将条码扫描装置与数据终端一体化，可脱机或联机操作的终端计算机设备。操作简单，维护方便，被广泛应用于房地产、金融、医疗、身份认证、物流、公共交通、商业等行业。

现今的大中型企业，对固定资产的管理显得非常重要，盘点是其中重要的一环。良好的资产管理可以减少浪费，最大化固定资产的利用率，直接降低企业运行成本。对于这些企业，因为资产规模庞大、分布在各地，因此资产的管理和清查工作需要大量的人力和物力，而且手续烦琐、工作量大、时间长，容易出差错。即使在管理系统的支持下，固定资产标签的制定、填写或打印、粘贴、资产状态的跟踪、盘点等工作的性质和工作量并没有得到良好的改变和改进。在大多企业/单位的实物固定资产管理过程中,会发现账账不符,账实不符,资产盘点效率低下,无法有效管理资产变动,缺乏总结分析,较难集中管理等问题。

## 能力拓展

### PDA盘点常用系统

操作系统可以分为3大阵营:Linux OS、Palm OS、Windows Mobile(Pocket PC)。Palm采用Palm OS系统,由Palm公司开发,而PocketPC采用WinCE的系列系统,由微软开发。因为机体性能及系统的差别,这两种机体还是有很大差别的。

Linux OS常见于电子记事簿,虽说是电子记事簿却也或多或少加入了不少智能元素,也算是掌上计算机的鼻祖,常见机型:商务通名人、SHARP、文曲星、好易通等。使用掌上计算机的人先前都是使用电子记事簿的,不过它品种太过繁杂、没有标准、缺乏连续性和可造就性,只能一年换一台,真是名符其实的记事簿。

PPC采用的是微软的操作系统,从WinCE一直到Windows Mobile 5.0,PPC介入PDA的时间要短于Palm,但是凭借着其操作系统的易用性(和Windows桌面系统非常像)迅速被大家接受,而且价格也和Palm相差无几,所以其市场份额迅速扩大。

PPC一般采用高速CPU,其频率一般都在200MHz以上(其应用软件体积比较大),多媒体功能比较强劲,所有产品均采用彩屏设计,适合人群比较广阔。但是缺点也是十分明显,待机时间比较短,由于其强大的CPU和多媒体功能均很费电,虽然经过多年的改进,其电池容量不断增大,但是待机时间却无明显提高,一般一台新的PPC在充满电后,可以持续运行5~7h(视个体差异而别)。

奔迈Palm出现比较早,早期功能比较简单,只是存储一些个人信息,但却迅速领起一股狂潮,席卷了美洲和欧洲。由于前期产品不注重多媒体,所以CPU频率比较低,一般都在33MHz以内,但是在其应用软件方面一点也不比PPC弱(因为应用软件体积小,而且运行要求低)。

# 任务10 智慧超市应用场景演示
## ——商品调价、缺货提醒

## 任务描述

本任务主要介绍物联网智慧超市商品调价演示,以及物联网智慧超市商品缺货提醒演示。

## 任务实施

### 1. 商品调价实施

1)在PC端单击"基础信息管理"应用程序图标,进入基础信息管理界面。

2)选中对应的商品,修改价格,单击"提交"按钮,会提示修改价格,PDA上也会提示修改价格。这时用PDA对准电子价格标签,价格标签就会自动显示新的价格。

3)如需再次修改价格,先重置价格标签,单击PDA上的"+"按钮,然后对准价格标签,标签就会恢复初始化状态。

### 2. 商品缺货提醒演示

1)进入基础信息管理界面。

2)商品缺货提醒演示方式有2种。

① 修改商品报警数量实现提醒功能,当商品数量到达这个数值时进行提醒,如图1-101所示。

② 通过改变库存数量实现提醒功能,如将商品卖出。

图1-101 报警阀值设置

3)将卖出的商品重新入库再上架或者改变报警数量,只要大于报警数量值即可关闭缺货提醒。

## 知识提炼

无

### 能力拓展

无

## 任务11 智慧超市应用场景演示
## ——商品智能结算

### 任务描述

本任务主要介绍物联网智慧超市商品智能结算演示。

### 任务实施

1) 顾客选购好商品后,收银PC进入购物结账应用程序。

2) 单击"开始读取"按钮,到按钮变为取消的时候,请顾客将购买的商品推过门形天线进行智能结算。

3) 将购物车推到门形天线前,收银系统会出现顾客购买的商品列表,选择付款方式(现金或者充值卡)。

4) 如果选择的是充值卡方式,请将充值卡放在读卡器上,单击"提交"按钮,系统将进行结算工作。

5) 结算完成后,打印出购物小票。

### 知识提炼

1) 在收银的时候单击"开始读取"按钮,可能会出现延迟现象,请不要进行其他操作(否则程序可能会等待更久),等按钮里的字变成"取消"的时候就可以继续操作了。

2) 将购物车推到门形天线前,由于摆放或者环境等原因,建议将购物车在收银天线前来回推动几次,这样能够提高识读率。

### 项 目 评 价

通过该项目的学习,学生能够更加直观地认知什么是智慧商超、智慧商超的工作原理;能够使用PDA、移动互联终端、小票打印机、条码扫描枪等工具搭建智慧商超环境,并部署相关数据库软件、网络设置等软件,实现简单智慧商超的商品入库、出库支付功能。

## 1. 考核评价表

| 内　容 | 目　标 | 标　准 | 方　式 | 权　重 | 自　评 | 评　价 |
|---|---|---|---|---|---|---|
| 出勤与安全情况 | 让学生养成良好的工作习惯 | 100 | 以100分为基础，按这6项的权值给分，其中"任务完成及项目展示汇报情况"具体评价见"任务完成度"评价表 | 10% | | |
| 学习、工作表现 | 学生参与工作的态度与能力 | | | 15% | | |
| 回答问题的表现 | 学生掌握知识与技能的程度 | | | 15% | | |
| 团队合作情况 | 小组团队合作情况 | | | 10% | | |
| 任务完成及项目展示汇报情况 | 小组任务完成及汇报情况 | | | 40% | | |
| 拓展能力情况 | 拓展能力提升状态，任务完成情况 | | | 10% | | |
| 创造性学习（附加分） | 考核学生创新意识 | 10 | 教师以10分为上限，奖励工作中有突出表现和特色做法的学生 | 加分项 | | |
| 学习成绩=出勤情况×20%+学习及工作表现×20%+知识及技能掌握×20%+团队合作情况×10%+任务完成情况×30%+创造性学习 | | | | | | |

总评成绩为各学习情境的平均成绩，或以其中某一学习情境作为考核成绩。

## 2. 任务完成度评价表

| 任　务 | 要　求 | 权　重 | 分　值 |
|---|---|---|---|
| 智慧商超的硬件连接 | 掌握移动互联终端实验箱、小票打印机、条码扫描枪、超高频读写器、超高频桌面读写器的安装与连接 | 30 | |
| 掌握智慧商超涉及软件的安装 | 掌握小票打印机驱动程序、超高频桌面读卡器驱动程序、SQL Server 2008安装软件、.Net Framework 4.5安装包、豌豆荚同步软件、新版商超V1.0.apk的安装过程和使用方法 | 30 | |
| 智慧商超应用场景演示 | 掌握商品入库、商品盘点、商品上架、商品调价、缺货提醒、智能结算等技能 | 30 | |
| 总结与汇报 | 呈现项目实施效果，做项目总结汇报 | 10 | |

## 3. 项目总结

项目学习情况：

心得与反思：

# 项目 2 PROJECT 2
# 智慧医疗综合实训

## 项目概述

智慧医疗是物联网备受关注的应用领域之一，是指通过打造健康档案区域医疗信息平台，利用先进的物联网技术，实现患者与医务人员、医疗机构、医疗设备之间的互动。民众健康是关乎国计民生的要务，目前医疗卫生系统专家资源分布不均，区域内资源统一规划调度机制不够完善，各医疗机构软硬件资源逻辑分散，资源利用率低。智慧医疗系统通过面向物联网的智慧医院建设，优化和整合医疗作业流程，提高工作效率，增加资源利用率，患者只需用较短的时间、支付较低的医疗费用，就可以享受到更多的治疗方案。智慧医疗系统致力于改善医疗作业流程，提高医疗服务水平，是国家发展医疗事业的主导方向，其推广对医疗领域的发展具有十分重要的意义。

## 学习目标

1. 智慧医疗系统硬件设备的安装与连接
   掌握网络摄像头、医疗传感器的安装与连接，掌握网络环境的搭建。
2. 智慧医疗系统涉及软件的安装
   掌握移动互联终端程序、豌豆荚同步软件的安装和使用，掌握SQL Server 2008软件的安装和智慧医疗系统数据库的部署。
3. 智慧医疗系统诊疗演示
   掌握健康体检、预约医生、查看体检信息、接受请求、发送医嘱等操作。

# 任务1　安装网络摄像机

## 任务描述

该任务包括网络摄像机硬件安装、网络摄像机驱动程序安装、网络摄像机的配置以及网络摄像机的基本使用，并以网络摄像机（设备编码BVCAM00007010）为例进行介绍。任务准备包括：网络摄像机、摄像机驱动程序、网线、计算机（已安装Windows 7操作系统）。

## 任务实施

1）接通摄像机电源。

2）利用网线将摄像机连接到主机（或连接到路由器），如图2-1所示。

3）打开控制面板，选择"系统和安全"→"Windows防火墙"命令，单击左边的"打开或关闭Windows防火墙"按钮，如图2-2所示。

图2-1　网络摄像机硬件安装　　扫描二维码观看视频

图2-2　Windows防火墙相关操作

4）选中"关闭Windows防火墙"单选按钮，如图2-3所示，然后单击"确定"按钮。

项目2 智慧医疗综合实训

图2-3 关闭Windows防火墙

5）在文件目录中找到设备编码BVCAM00013010文件，运行并安装驱动程序，安装完成之后，系统会要求重启，重启之后，在桌面上找到摄像机配置工具的图标，双击运行。

6）进入摄像机配置界面，双击查找到的摄像机进行配置，如图2-4所示。

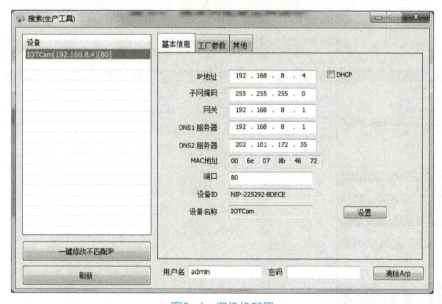

图2-4 摄像机配置

7）进入后会提示需要运行加载项。之后系统会要求重新登录。

8）登录后单击"基本网络设置"按钮，显示如图2-5所示的窗口，设置IP地址为192.168.8.4，子网掩码为255.255.255.0，网关为192.168.8.1，之后单击"设置"按钮，此时摄像机会重新启动，大约等待30s。

— 71 —

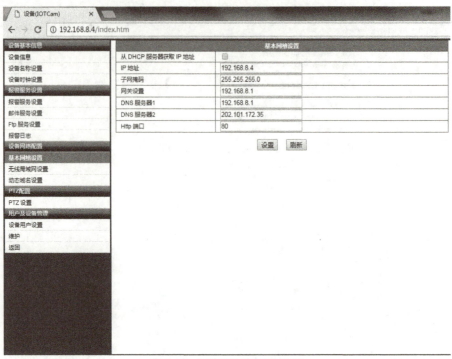

图2-5 网络摄像机网络设置

9)重新登录后单击"无线网络设置"按钮,进入如图2-6所示的窗口,单击"搜索"按钮后设置SSID为newland08,共享密钥为1234567890,SSID与网络密钥也是本项目任务3中无线路由器的SSID和密码。

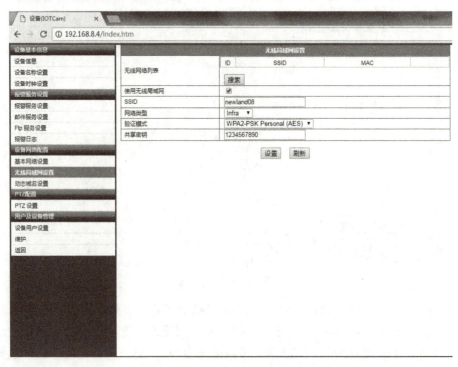

图2-6 摄像机无线设置操作

10）设置完成后拔掉网线，刷新页面，大约等待30s系统会提示重新登录，登录完成后能看到摄像机控制软件界面，至此，网络摄像机安装配置完成。

> **想一想**
> 网络摄像机类型多样，如何进行区分辨别？

## 知识提炼

### 1. 网络摄像机简介

网络摄像机结合了传统摄像机和网络视频技术的特点，除了具备一般传统摄像机所有的图像捕捉功能外，还内置了数字化压缩控制器和基于Web的操作系统，使得影像数据可以通过网络传送至终端用户，而终端用户无须安装任何软件，只需使用网络浏览器即可实时获取到目标现场的情况。

### 2. 网络摄像机的原理

网络摄像机的部件包括：镜头、图像传感器、声音传感器、A—D转换器、图像声音编码器，镜头是网络摄像机的前端部件，决定了呈像的清晰度，其材质主要有玻璃和塑料两种，A—D转换器用于将图像和声音等模拟信号转换成数字信号，经A—D转换后的图像、声音数字信号，按一定的格式或标准进行编码压缩，以便在网络中不失真地进行传输。

## 能力拓展

### 1. 常见问题

1）界面中没有图像画面显示。
2）网络摄像机图像模糊。
3）在使用摄像机时花屏。

### 2. 解决方案

1）可能没有成功安装ActiveX控件或安装不正确，请卸载后再次安装。
2）调整网络摄像机镜头的后焦及左右调整焦距环到适当的焦距。
3）检查摄像机的驱动程序与摄像机型号是否匹配。

# 任务2 安装医疗传感器

## 任务描述

物联网要实现物体的信息联网，需要首先对物体进行感知和识别，感知和识别技术主要通过在物体周围嵌入各类传感器,以实现物联网的信息采集。本任务主要介绍医疗健康套件中各类传感器的安装。首先对医疗健康套件进行简要介绍,其次介绍医疗健康套件驱动程序的烧写,最后介绍各类医疗传感器的安装方法。

## 任务实施

1)实验准备:医疗健康套件、各类传感器、计算机(已安装Windows7操作系统)接入脉搏传感器,如图2-7所示。

2)接入呼吸传感器,如图2-8所示。

3)接入体温传感器,如图2-9所示。

图2-7 接入脉搏传感器

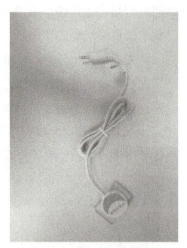

图2-8 接入呼吸传感器

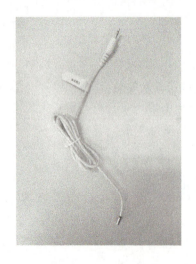

图2-9 接入体温传感器

4)接入心电传感器,如图2-10所示。

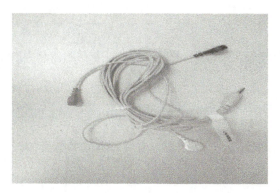

图2-10 接入心电传感器

## 知识链接：什么是医疗健康套件

医疗健康套件简介

医疗健康套件包括血压传感模块、血氧心音模块、心电体温脉率呼吸模块等，可以采集血压、血氧、心音、心电、体温、脉率、呼吸等生理参数，基于医疗传感器技术可实现医疗数据采集和远程诊疗系统开发，图2-11～图2-14为医疗健康套件中的部分产品。

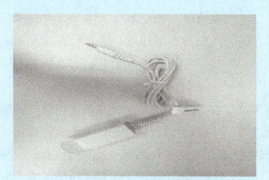

图2-11 脉搏传感器

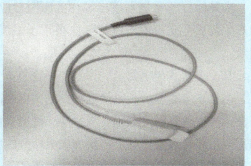

图2-12 血氧传感器

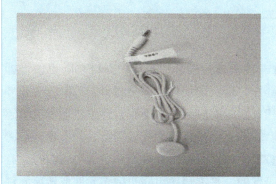

图2-13 心音传感器

图2-14 血压传感器

> **想一想**
>
> 现在人们生活中使用着各种各样的传感器,想一想传感器的应用领域还有哪些?

## 知识提炼

传感器有许多分类方法,下面就来看一看传感器的类型有哪些。按工作原理传感器的类型可划分为如下5个类型。

(1) 光电式传感器

光电式传感器在非电量电测及自动控制技术中占有重要的地位。它是利用光电器件的光电效应和光学原理制成的,主要用于光强、光通量、位移、浓度等参数的测量。

(2) 电势型传感器

电势型传感器是利用热电效应、光电效应、霍尔效应等原理制成,主要用于温度、磁通、电流、速度、光强、热辐射等参数的测量。

(3) 电荷传感器

电荷传感器是利用压电效应原理制成的,主要用于力及加速度的测量。

(4) 半导体传感器

半导体传感器是利用半导体的压阻效应、内光电效应、磁电效应、半导体与气体接触产生物质变化等原理制成,主要用于温度、湿度、压力、加速度、磁场和有害气体的测量。

(5) 电学式传感器

电学式传感器是非电量电测技术中应用范围较广的一种传感器,常用的有电阻式传感器、电容式传感器、电感式传感器、磁电式传感器及电涡流式传感器等。电阻式传感器是利用变阻器将被测非电量转换为电阻信号的原理制成。电阻式传感器一般有电位器式、触点变阻式、电阻应变片式及压阻式传感器等。电阻式传感器主要用于位移、压力、力、应变、力矩、气流流速、液位和液体流量等参数的测量。

## 能力拓展

传感器就是将光、声音、温度等物理量,转换成为能够用电子电路处理的电信号即电压与电流的器件,是信息采集系统的首要部件,是实现现代化测量和自动控制的主要环节,是信息的源头,又是信息社会赖以存在和发展的物质与技术基础。传感器通常由敏感元件、转换元件和基本转换电路三部分组成。敏感元件是直接感受被测量,并输出与被测量成确定关系的某一物理量元件。转换元件将敏感元件的输出转换成一定的电路参数,有时敏感元件和转换元件的功能是由一个元件实现的。基本转换电路将敏感元件或转换元件输出的电路参数转换、调理成一定形式的电量输出。

# 任务3　搭建网络环境

## 任务描述

物联网要实现物物相连，需要网络作为连接的桥梁，在物联网中网络的形式有多种，如有线网络、无线网络、局域网、企业网、专用网等，路由器是互联网的主要结点设备，具有判断网络地址和选择路径的功能，它能在多网络互联环境中，建立灵活的连接，是互联网络的枢纽。本任务着重介绍路由器的连接与配置，以了解路由器的工作原理，熟悉路由器与其他设备的连接以及路由器的配置。任务准备包括：网线、路由器和计算机（已安装Windows 7操作系统）。

## 任务实施

1）接通路由器电源，此时路由器系统指示灯常亮。
2）长按重置按钮10s，如图2-15所示框的位置。
3）用网线将路由器的LAN口与PC相连，如图2-16所示。线路连好后，路由器的LAN口对应的指示灯会常亮或闪烁。

扫描二维码观看视频

图2-15　无线路由器重置按钮

图2-16　无线路由器WAN口

4）打开浏览器，输入192.168.0.1或192.168.1.1（具体查看路由器说明书），进入路由器登录界面，如图2-17所示。输入管理账号和密码（一般都是admin），然后单击"确定"按钮进入路由器设置界面。
5）选择网络设置，更改路由器的IP地址为192.168.8.1（也可以根据需要更改为其他网段），然后单击"保存设定"按钮，如图2-18所示。设置成功后系统会要求重新登录，重新输入账号密码进行登录即可。
6）选择无线设置，如图2-19所示。设置无线网络标识和密码，如将网络标识设置为

EDUTLD，密码设置为1234567890，如图2-20所示。最后单击"保存设定"按钮，路由器会自动重启，须重新登录查看配置结果，至此路由器设置完成。

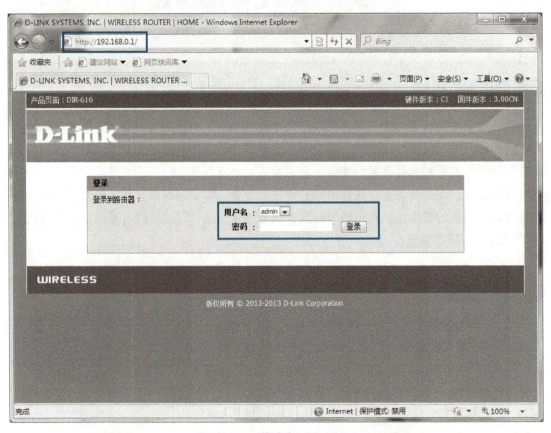

图2-17　无线路由器登录界面

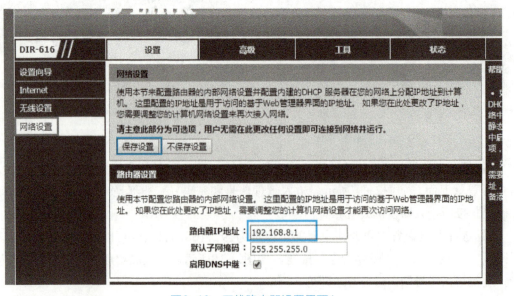

图2-18　无线路由器设置界面1

项目2 智慧医疗综合实训

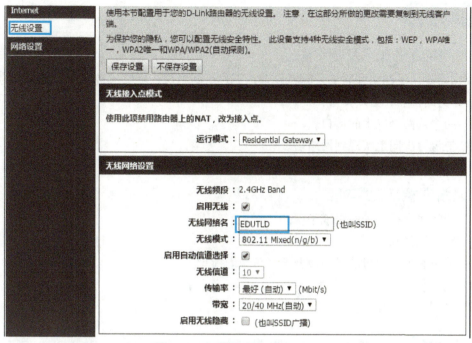

图2-19　无线路由器设置界面2

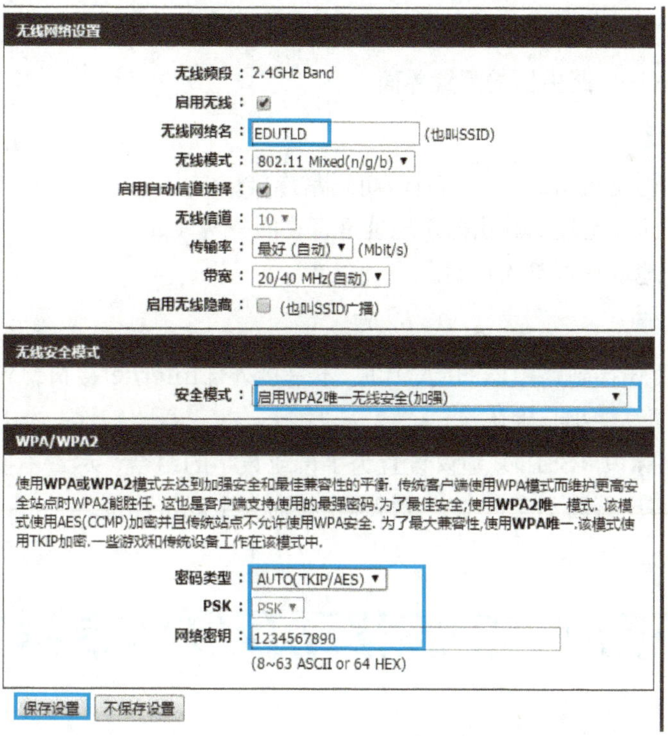

图2-20　无线路由器设置界面3

> **想一想**
>
> 路由器在人们的日常生活和工作中随处可见，想一想路由器都有哪些种类？

## 知识提炼

### 1. 路由器的概念及基本构成

路由器是用于网络互联的计算机设备，工作于网络层，能够实现不同网络之间的相互通信，作为路由器，必须具备：

1）两个或两个以上的接口。
2）协议至少向上实现到网络层。
3）具有存储、转发、寻径功能。

### 2. 路由器的主要功能

1）连接多个独立的网络或子网。
2）路由选择和控制。
3）流量管理：包过滤、负载分流、负载均衡等。
4）冗余和容错。
5）数据压缩、加密。

## 能力拓展

### 1. 常见问题

无法登录到Wi-Fi路由器的配置界面。

### 2. 解决方法

1）检查路由器是否用LAN口与计算机正常连接。
2）检查计算机IP地址与路由器IP地址是否在同一网段。
3）路由器IP地址是否输入正确。

### 3. 注意事项

1）PC一定要连接到路由器的LAN口，不是接外部Internet接口，WAN口与另外4个端口一般颜色不同，请小心确认。

2）无线网络标识（SSID）建议设置为字母或数字的组合，尽量不要使用中文或特殊字符，避免部分客户端因不支持中文或特殊字符而导致无法连接。

# 任务4　安装移动互联终端程序

## 任务描述

本任务包括医疗直连程序在移动互联终端的安装及体验演示，医疗直连程序为APK

文件，可通过同步软件安装，也可将APK文件复制到移动端SD卡上进行安装，体验演示包括3个模块，涉及的体验项目有心电图、呼吸、脉搏、血压等。

# 任务实施

## 医疗直连程序移动端安装部署

APK的安装一般有两种方法：一是通过同步软件进行安装，需要在计算机中安装豌豆荚或其他同步软件，然后将移动互联终端连接到计算机；二是将APK文件复制到移动互联终端的SD卡中，然后在Android系统中使用文件管理器进行安装。

### 1. 使用同步软件安装

1）在计算机中安装豌豆荚同步软件（也可使用其他同步软件，如91手机助手等）。

2）安装完成后打开豌豆荚，用数据线将移动互联终端连接到计算机上。

3）选择"设置"→"开发人员选项"命令，勾选USB调试（不同系统打开USB调试的方法略有不同）打开USB调试。

4）在文件目录中找到"智慧社区工程应用-业主端V1.0.0.8.20150211.apk"文件，如图2-21所示。

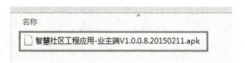

图2-21 智慧社区系统移动端程序

5）双击该APK文件，进行安装。

6）安装完成后，在移动互联终端上将出现新大陆智慧社区系统的图标，如图2-22所示。

图2-22 新大陆智慧社区系统程序安装成功

### 2. 使用文件管理器安装

1）在文件目录中找到"智慧社区工程应用—业主端V1.0.0.8.20150211.apk"文件。

2）用数据线将移动互联终端与计算机相连接。

3）将"智慧社区工程应用—业主端V1.0.0.8.20150211.apk"文件复制到移动互联终端的SD卡中。

4）打开移动互联终端的文件管理器，找到该APK文件，然后打开，运行安装即可。

**想一想**

使用同步软件和使用文件管理器安装APP的区别是什么？

### 知识提炼

APP的全称是application，是指智能移动终端中的各种应用程序或者应用软件的集合，可以为用户提供相关的服务，随着移动互联技术的高速发展，移动APP已经融入人们生活、学习和工作的方方面面。APP技术是新型互联网技术的不断发展和补充，其应用前景非常广泛，很多领域都将应用这种新兴技术来适应互联网时代的趋势。

### 能力拓展

豌豆荚是一款在PC上使用的Android手机管理软件。将手机和计算机进行连接，即可以将各类应用程序、音乐、视频、PDF等资料传输或者从网络直接下载到安卓系统上，也可以用它实现备份、联系人管理、短信群发、截屏等功能。

豌豆荚诞生于2009年12月，专注于移动内容搜索领域的创新，并通过应用内搜索技术让用户搜索到千万量级的不重复应用、游戏、视频、电子书、主题、电影票、问答、旅游等内容，随时随地享受全面准确和直达行动的内容搜索消费体验。

## 任务5　安装数据库

### 任务描述

本任务主要介绍与物联网应用层相关的技术，包括智慧医疗系统数据库部署。

### 任务实施

1）使用"sa"账户登录SQL Server 2008，在"数据库"上单击鼠标右键，在弹出的快捷菜单中选择"附加"命令，如图2-23所示。

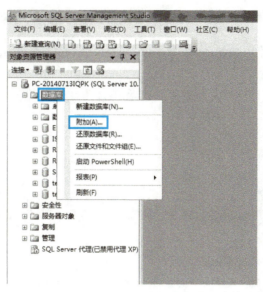

图2-23 附加数据库

2）出现附加数据库的界面，单击"添加"按钮，在出现的对话框中选择需要添加的文件路径，如图2-24所示，接着单击"确定"按钮。

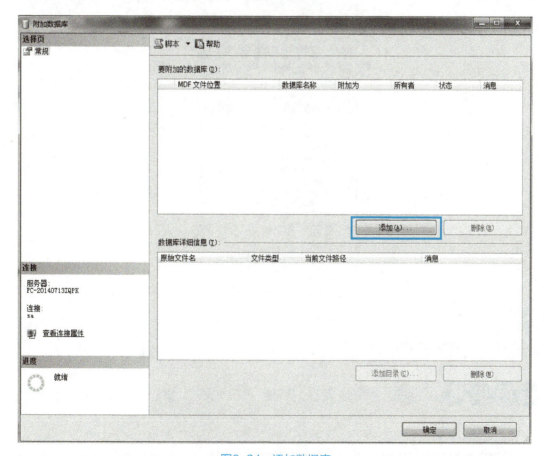

图2-24 添加数据库

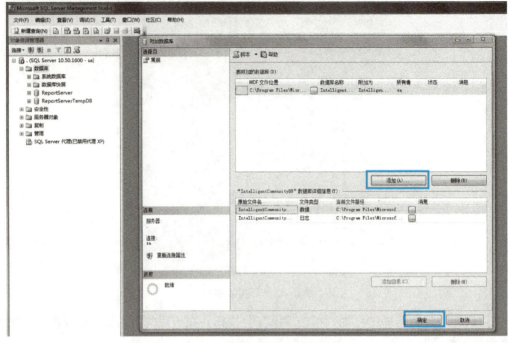

图2-24　添加数据库（续）

3）出现如图2-25所示的窗口则表示数据库导入成功。

图2-25　数据库导入成功

### 想一想

数据库的作用是什么？

## 知识提炼

### 1. 数据库简介

数据库是按照数据结构来组织、存储和管理数据而建立在计算机存储设备上的仓库，数据库中的数据以一定的数据模型组织、描述和储存在一起,并可在一定范围内为多个用户共享。

### 2. 数据库的种类

数据库通常分为层次数据库、网络数据库和关系型数据库3种。不同的数据库按照不同的数据结构来联系和组织数据。

### 3. 常用关系型数据库

1) Oracle。
2) MySQL。
3) SQL Server。
4) Access。

## 能力拓展

数据库附加失败的解决方法:

1) 找到要添加数据库的.mdf文件,单击鼠标右键,在弹出的快捷菜单中选择"属性"命令。

2) 在"属性"页面单击"安全"按钮,选择"Authenticated Users",单击"编辑"按钮。

3) 在"Authenticated Users"权限中选择"完全控制",单击"确定"按钮,然后在"属性"页面中单击"确定"按钮。

4) 同样,在数据库的.ldf文件上单击鼠标右键,打开"属性"页面,按以上步骤再次设置即可。

5) 完成以上步骤,再进行附加数据库。

# 任务6 诊疗演示

## 任务描述

本任务为智慧医疗系统场景演示,分别介绍患者端和医生端的操作流程。智慧医疗系统的网络拓扑结构如图2-26所示,此系统的主要流程包括:1) 患者端:用户登录→进行体检→申请远程诊断→等待医生处理;2) 医生端:用户登录→接受远程诊断请求→查看患者的体检报告→做出诊断填写医嘱或要求复查→发送医嘱。

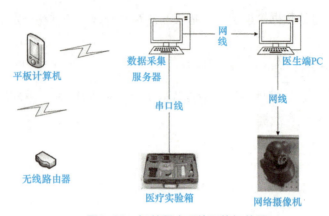

图2-26　智慧医疗系统网络拓扑图

## 任务实施

### 1. 准备工作

（1）软件准备

在文件目录中找到智慧医疗系统服务端采集程序，如图2-27所示。双击setup.exe进行安装，安装完成后将自动打开采集程序，注意在体验过程中不要将采集程序关闭，须一直保持打开状态。

图2-27　智慧医疗系统服务端采集程序

（2）硬件准备

将各传感器连接到医疗实验箱，如图2-28所示，然后将医疗实验箱的串口与PC的COM1相连，打开医疗实验箱的电源。

图2-28　医疗实验箱各传感器连接总图

## 2. 移动端（患者）操作流程

1）打开智慧医疗系统移动端应用程序，首先注册一个账号，如图2-29所示。填写昵称、手机号、密码等用户信息，然后单击"注册"按钮。

图2-29　患者端注册界面

2）注册完成之后，进行用户登录，如图2-30所示。输入用户名、密码，单击"登录"按钮，登录到系统中。

图2-30　患者端登录界面

3）出现如图2-31所示的界面，单击"个人健康"按钮准备进行体检。

图2-31 系统操作界面

4)进入"个人健康"模块,如图2-32所示,单击"开始体检"按钮。

图2-32 个人健康模块界面

5)出现如图2-33所示的准备体检界面,单击中间的"播放"按钮开始体检。

6)系统会显示各个体检项目的指标数据,右上角显示体检所用的时间,体检时间默认为2min,也可单击旁边的"停止"按钮(见图2-34)提前结束体检。

7)体检结束后的界面如图2-35所示,用户可单击"保存"按钮,将体检结果保存起来,也可单击"重新体检"按钮重新进行体检,这里单击"申请远程诊断"按钮。

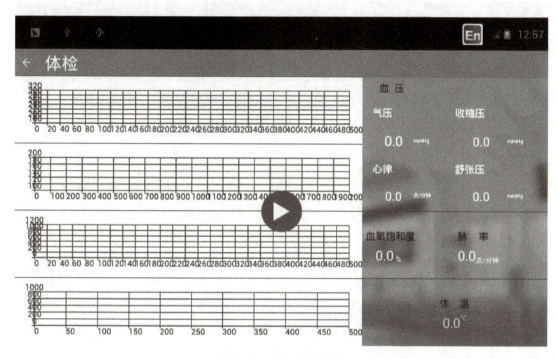

图2-33 准备体检界面

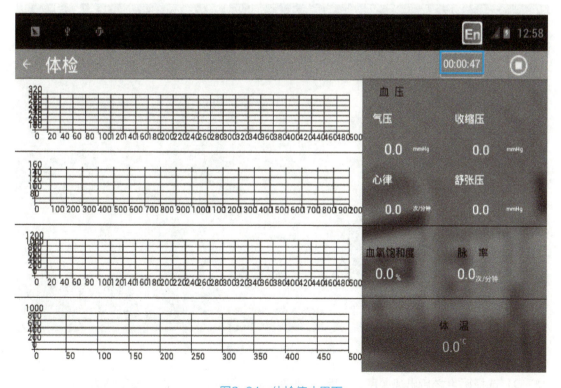

图2-34 体检停止界面

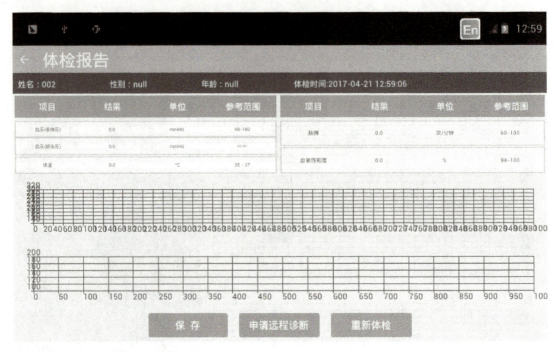

图2-35　体检结束界面

8）进入选择医生界面，如图2-36所示，在这里可选择想预约的医生。

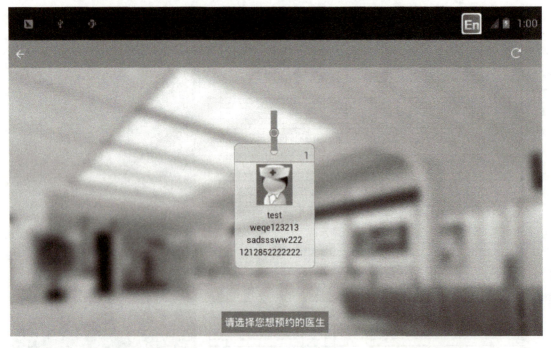

图2-36　选择医生界面

9）选择医生之后出现如图2-37所示的请求成功界面，等待医生接受请求。

图2-37 请求成功界面

### 3．PC端（医生）操作流程

1）打开智慧医疗系统PC端应用程序，出现如图2-38所示的登录界面，输入用户名和密码，单击"登录"按钮，进入系统。

图2-38 医生端登录界面

2）单击"智慧医疗"按钮，进入智慧医疗模块，如图2-39所示。

图2-39 医生端操作界面

3）该模块主要包括3个功能：用户信息、远程诊断、历史体检信息。单击"用户信息"按钮可对医生用户的基本信息进行编辑和修改，如图2-40所示。

图2-40 智慧医疗模块界面

4）单击"远程诊断"按钮，医生可查看并接受患者发送的远程请求，通过视频、患者的体检报告对患者进行远程诊断，如图2-41所示。

5）接受患者请求后，将出现如图2-42所示的界面，在此界面中，医生可以看到患者的体检报告，通过视频可看到患者的状态，医生根据视频和体检报告填写相应的医嘱说明，或要求患者就某个项目进行复查。

图2-41　查看远程诊断请求界面

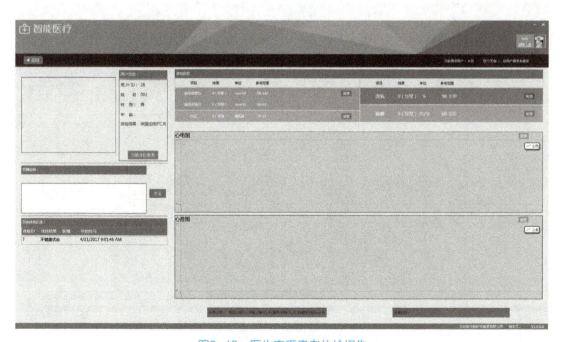

图2-42　医生查看患者体检报告

6）医生填写医嘱说明之后单击"发送"按钮，系统给出"发送成功"提示信息，如图2-43所示。

7）单击"返回"按钮回到如图2-44所示的操作界面，单击"历史体检信息"按钮，医生可查看所有已诊断患者的体检信息以及相应的医嘱说明。

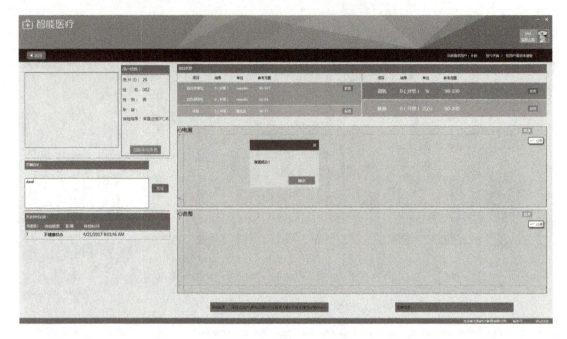

图2-43　提示医嘱发送成功

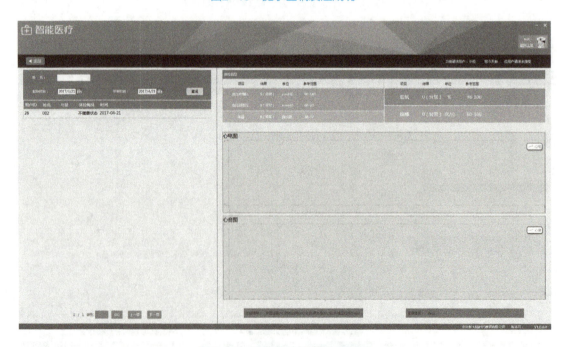

图2-44　历史体检信息查看界面

## 想一想

患者在进行体检时有哪些注意事项？

## 知识提炼

智能医疗：药品流通和医院管理，以人体生理和医学参数采集及分析为切入点面向家庭和社区开展远程医疗服务。

智慧医疗由3部分组成，分别为智慧医院系统、区域卫生系统以及家庭健康系统。

1）智慧医院系统，由数字医院和提升应用两部分组成。

2）区域卫生系统，由区域卫生平台和公共卫生系统两部分组成。

3）家庭健康系统。

## 能力拓展

智慧医疗的发展方向：

1）全面识别：借助RFID射频识别技术、条码技术等对医疗设备、医药、患者等进行标识与识别。

2）安全交互：智慧医疗系统中的数据通过互联网安全有效地传递。

3）共享协作：将多个医疗机构进行联网，实现其资源共享、分工协作。

4）海量数据处理：利用云计算、数据挖掘等技术对海量数据进行快速高效的处理。

## 项 目 评 价

学生通过该项目的学习，能够更加深入地认识到什么是智慧医疗以及智慧医疗系统的工作原理，能够进行智慧医疗系统的硬件环境搭建和软件安装，掌握相关数据库的部署，实现智慧医疗系统患者端、医生端的基本功能。

### 1. 考核评价表

| 内容 | 目标 | 标准 | 方式 | 权重 | 自评 | 评价 |
| --- | --- | --- | --- | --- | --- | --- |
| 出勤与安全情况 | 让学生养成良好的工作习惯 | 100 | 以100分为基础，按这6项的权值给分，其中"任务完成及项目展示汇报情况"具体评价见"任务完成度"评价表 | 10% | | |
| 学习、工作表现 | 学生参与工作的态度与能力 | | | 15% | | |
| 回答问题的表现 | 学生掌握知识与技能的程度 | | | 15% | | |
| 团队合作情况 | 小组团队合作情况 | | | 10% | | |
| 任务完成及项目展示汇报情况 | 小组任务完成及汇报情况 | | | 40% | | |
| 拓展能力情况 | 拓展能力提升状态，任务完成情况 | | | 10% | | |
| 创造性学习（附加分） | 考核学生创新意识 | 10 | 教师以10分为上限，奖励工作中有突出表现和特色做法的学生 | 加分项 | | |
| 学习成绩=出勤情况×20%+学习及工作表现×20%+知识及技能掌握×20%+团队合作情况×10%+任务完成情况×30%+创造性学习 | | | | | | |

总评成绩为各学习情境的平均成绩，或以其中某一学习情境作为考核成绩。

## 2. 任务完成度评价表

| 任　务 | 要　求 | 权　重 | 分　值 |
| --- | --- | --- | --- |
| 智慧医疗系统的硬件安装及设置 | 掌握网络摄像机、医疗传感器的安装与连接，掌握网络环境的搭建 | 30 | |
| 智慧医疗系统涉及软件的安装 | 掌握移动互联终端程序、豌豆荚同步软件的安装和使用，掌握SQL Server 2008软件的安装和智慧医疗系统数据库的部署 | 30 | |
| 智慧医疗系统诊疗演示 | 掌握健康体检、预约医生、查看体检信息、接受请求、发送医嘱等操作 | 30 | |
| 总结与汇报 | 展示项目实施效果，做项目总结汇报 | 10 | |

## 3. 项目总结

项目学习情况：

心得与反思：

# 项目 3
## PROJECT 3
## 智能空气环境监测综合实训

### 项目概述

"智能空气环境监测"是借助物联网技术,把传感器和装备嵌入到各种环境监控对象(物体)中,通过超级计算机和云计算将环保领域物联网整合起来,帮助人们以更加精细和动态的方式实现环境管理和决策。本项目主要讲解感知层、网络层、应用层设备的安装和调试,进行层层分析和讲解,展示智能环境场景,开发项目程序。本项目以智能空气环境监测系统在图书馆的具体应用为例进行重点介绍。

图书馆是一个重要的公共文化场所。在一个城市中,图书馆是一张重要的文化名片。本项目中的综合性图书大厦,将进行基于物联网应用技术的智能化建设工程。建设一个区域作为借阅厅、改建原有的购书区、建设智能化管理中心。网络中心控制区为该图书大厦的弱电室,主要进行改建升级的网络设备规划建设。建设基于物联网应用技术的管理中心,营造良好的办公环境。项目布局图如图3-1所示,工位布局图如图3-2所示。各区域业务功能及要求如下。

1)阅览区:左工位顶棚模拟阅览区屋顶,安装烟雾和火焰传感器。一旦监测到空气中的热量较高,进行与报警设备的联动报警。

2)大厅:在图书馆大厅设有LED显示屏实时推送图书馆内的信息。同时,为了给读者一个良好的环境,在图书馆大厅栽培了许多绿色植物,用来净化空气,美化环境,系统要实时监测植物生长的环境变化,设定有湿度传感器。大厅人员较多,需要保持空气流动,要及时打开空调换气通风(用风扇来代替空调)。使用无线感知技术自主开发无线多报警灯系统。在该区,管理人员可以通上述自主开发的报警灯观看多种情况的报警指示。阅览区有保安进行巡查。

3)咖啡厅:设定在图书馆楼顶,因此空气质量属于重点监控指标,包括$CO_2$浓度、PM2.5、风速、大气压力、温度、湿度,进行实时数据采集并显示在大厅LED显示屏中。

4)网络区:主要负责存放全部智能博物馆的Wi-Fi、RS-232、RS-485网络核心设备、风扇和ZigBee继电器。

图3-1 项目布局图

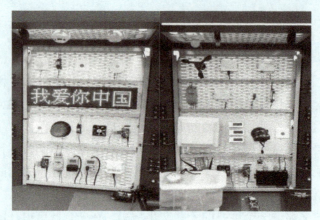

图3-2 工位布局图

## 学习目标

1. 掌握智能环境硬件设备的安装与连接

   包括移动互联终端实验箱、串口服务器的安装与连接。

2. 掌握智能环境涉及软件的安装

   包括串口服务器驱动程序、SQL Server 2008软件、IIS服务器、.NetFramework 4.5安装包、豌豆荚同步软件、新版智慧社区V1.0.apk的安装方法。

3. 掌握智能环境应用场景演示

   包括环境监测数据软件的使用，可以监测温度、湿度等数据，并判断各个传感器是否工作正常。

4. 了解智能环境程序开发

   包括Java语言和C#语言基本指令、语法，可以根据功能理解程序，并进行修改以满足要求。

# 任务1　安装烟雾和火焰传感器

## 任务描述

左工位顶棚模拟阅览区屋顶，需要安装烟雾传感器来检测烟雾。它在内外电离室里面有放射源241，电离产生的正、负离子在电场的作用下各自向正、负电极移动。在正常情况下，内外电离室的电流、电压都是稳定的。一旦有烟雾窜入外电离室，干扰了带电粒子的正常运动，电流、电压就会有所改变，破坏了内外电离室之间的平衡，于是无线发射器发出无线报警信号，通知远方的接收主机将报警信息传递出去。烟雾传感器广泛应用在城市安防、小区、工厂、公司、学校、家庭、别墅、仓库、资源、石油、化工、燃气输配等众多领域。

左工位顶棚模拟阅览区屋顶，需要安装火焰传感器来检测火焰。火焰是由各种燃烧生成物、中间物、高温气体、碳氢物质以及无机物质为主体的高温固体微粒构成的。火焰的热辐射具有离散光谱的气体辐射和连续光谱的固体辐射。不同燃烧物的火焰辐射强度、波长分布有差异，但总体来说，其对应的1~2μm近红外波长域具有最大的辐射强度。

任务实施之前，通过搭建的应用场景，体验烟雾和火焰传感器的作用，为后续的学习提供直观的认知。

任务实施过程中，首先要求能识读电路图，做好器件与工具的准备；然后，通过仿真电路不断调整参数；再将元件器拼搭到面包板上，正确接通电源后，运行和测试电路功能，实现烟雾传感器的报警效果。

任务实施之后，进一步学习传感器的定义与特点、烟雾和火焰传感器的选型、应用与发展趋势等理论知识，并通过大量的实践操作来强化万用表的使用技能。

## 任务实施

### 1. 烟雾传感器的硬件连接

1）将底座旋下与探测器逆时针旋转盖分离。

2）用M4×16十字盘头螺钉将烟雾传感器的底座安装到工位上，注意，在设备台背面加M4×10×1不锈钢垫片。

3）按照探测器接线端子说明，电源连接到"24V"和"GND"上，"报警输出COM"和"报警输出NO/NC"分别接在数字量输入采集模块ADAM4150的DI2和GND上，接好线后顺时针合上盖和底座。烟雾传感器连线图如图3-3所示。

4）烟雾传感器的测试。触控烟雾传感器左边的触控按钮，烟雾传感器发出连续蜂鸣声，指示灯长亮。指示灯长亮加蜂鸣器长鸣，说明烟雾传感器被触发，有烟雾。也可以在探测器附近用实际烟雾进行检测。

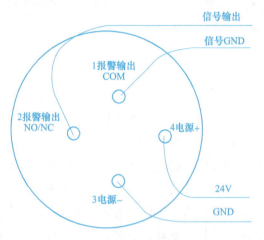

图3-3 烟雾传感器连线图

**知识链接：烟雾报警器**

烟雾报警器内部一般采用离子式烟雾传感器。离子式烟雾传感器是一种技术先进、工作稳定可靠的传感器，被广泛运用到消防报警系统中，性能远优于气敏电阻类的火灾报警器。它将常开常闭输出转化为高低变化的电压信号，输入到中央处理器中，中央处理器根据信号的变化作出相应的程序处理，如图3-4所示。

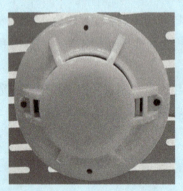 

图3-4 烟雾报警器

### 2. 火焰传感器的硬件连接

1）将底座旋下与探测器逆时针旋转盖分离。

2）用M4×16十字盘头螺钉将火焰传感器的底座安装到工位上，注意，在设备台背面加M4×10×1不锈钢垫片。

3）按照探测器接线端子说明，电源连接到"24V"和"GND"上，"报警输出COM"和"报警输出NO/NC"分别接在数字量输入采集模块ADAM4150的DI1和GND上，接好线后顺时针合上盖和底座。火焰传感器连线图如图3-5所示。

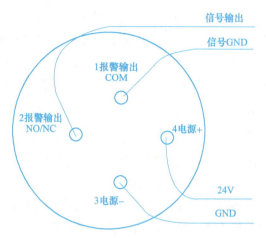

图3-5 火焰传感器连线图

4)火焰传感器的测试。用打火机点火置于火焰传感器前下方(5~30cm),等待两颗闪烁的指示灯长亮,指示灯长亮说明火焰传感器被触发,有火焰。

> **知识链接:火焰传感器**
>
> 　　火焰传感器是专门用来搜寻火源的传感器,当然火焰传感器也可以用来检测光线的亮度,只是它对火焰特别灵敏。火焰传感器利用红外线对火焰非常敏感的特点,使用特制的红外线接收管来检测火焰,然后把火焰的亮度转化为高低变化的电压信号输入到中央处理器中,中央处理器根据信号的变化作出相应的程序处理,如图3-6所示。

图3-6 火焰传感器

## 知识提炼

### 1. 设备应用

当监测到烟雾浓度超标时,立即进行声光报警,并输出脉冲电压信号、继电器常开或常闭信号,指示灯:监控时每40s闪烁1次,报警时每1s闪烁1次,增配电话报警器后可实现远程电话报警。

火焰传感器输出可分为无源常开或常闭（可通过探测器内部PCB上的JP1选定为常开-NO或常闭-NC）两种可选输出，触点容量1A，DC24V。亦可调为传统电流型。通过探测器内部PCB板上的跳线器（JP2）可设置为自锁（LOCK）和非自锁（UNLOCK）。指示灯：正常时，大约每隔5s闪亮一次，表示监测状态；报警时常亮。

### 2. 安装过程中容易出现的问题及其参考解决方案

测试时无法获得烟雾传感器的数据。可能原因：烟雾传感器的信号线、数字量采集器或者485转换头之间线路接错或者松脱。解决方法：用万用表蜂鸣档检查烟雾传感器的信号线、数字量采集器或者485转换头之间的线路。

测试时无法获得火焰传感器的数据。可能原因：火焰传感器的信号线、数字量采集器或者485转换头之间线路接错或者松脱。解决方法：用万用表蜂鸣档检查火焰传感器的信号线、数字量采集器或者485转换头之间的线路。

## 能力拓展

常用的万用表有数字和指针式，如图3-7所示。本项目使用的是数字式万用表。

数字万用表是一种多用途电子测量仪器，一般能够测电流、电压、电阻、二极管和三极管，电感、电容值等。一般包含安培计、电压表、欧姆计等功能，有时也称为万用计、多用计、多用电表。

图3-7 数字万用表和指针式万用表

### 1. 万用表产品认知

数字万用表按量程转换方式可分为手动量程数字万用表和自动量程数字万用表；按功能可分为低档普通型万用表和智能型万用表。与指针式万用表相比数字万用表读取精度更高，使用更方便。

按形状大小可分为视袖珍型万用表和台式万用表。数字万用表的类型和款式很多，但测量原理基本相同，测量方法大同小异。

数字万用表面板一般包括显示器、电源开关、功能开关、数据保持开关、电压电流插孔、接地插孔、量限开关等。通用的万用表面板如图3-8所示。

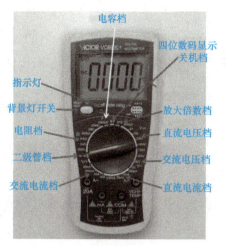

图3-8 万用表面板

## 2. 使用万用表测电压

（1）测直流电压

操作实例：使用数字万用表测5V直流电压源输出电压。

操作步骤：

1）将红表笔（正极）插入"VΩ"插孔，黑表笔（负极）插入"COM"插孔。

2）待测直流电压源上显示输出电压为"5V"，应选择直流电压档的20V量程。

3）将测试笔连接到直流电压源的输出端上。直流电压有正负之分，接线时应将万用表红表笔接到电压源红色输出端，黑表笔接到电压源黑色输出端。测试结果为"5.05V"，如图3-9a所示。

4）如果红表笔与电压源黑色输出端相连，黑表笔与电压源红色输出端相连。示数为"-5.06V"，允许一点误差。当使用万用表测直流电压时，电压值前没有负号表明红色表笔端电压高于黑色表笔，有负号则相反。因此，数字万用表测直流电压时不仅可以测出电压值，还可以测出红表笔的极性，如图3-9b所示。

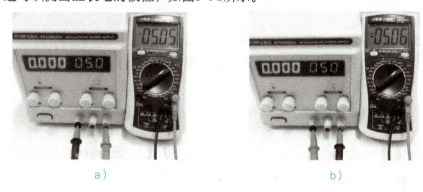

a)　　　　　　　　　　　　　　b)

图3-9 使用万用表测直流电压

（2）测交流电压

操作实例：使用数字万用表测日常插座提供的交流电压。

操作步骤：

1）将红表笔插入"VΩ mA"插孔，黑表笔插入"COM"插孔。

2）将功能量限开关置于V～量限范围，根据常识电压值在220V左右，应选择量程750V。

3）将测试笔连接到待测电压两端，按下万用表电源开关键，测试结果为"222V"，如图3-10a所示。

4）如果将量限开关减小一个档位200V，则万用表的示数为"0L"或"1"，如图3-10b所示。

注：不能估计所测电压值大小时，将档位先调至最大量程，再逐步递减档位选择合适的量程。

a) b)

图3-10 使用万用表测量电源插座电压

实验结果表明：量程越小，示数就越精确，直至超出量程范围。可以根据自己的精确度需要，选择合适的量程。

注：在测量高电压时，要特别注意避免触电。

（3）测元器件两侧的电压

操作实例：使用数字万用表测直流电路中电阻两侧的电压。

操作步骤：

1）红表笔插入"VΩ"插孔，黑表笔插入"COM"孔。

2）将功能开关箭头方向旋转至电压量限范围内的最大量程1000V档位，显示器示数为"0002"，如图3-11a所示。

3）不能估计所测电压值大小时，将档位先调至最大量程，再逐步递减档位选择合适的量程。

4）将功能开关减小至20V，万用表示数为"2.16"，如图3-11b所示。

5）将功能开关减小至2V，万用表示数为"1."。

注：示数为1时，表明需要更换更大的量程。

（4）测电流

操作实例：使用数字万用表测量电源直流电压为13.5V、电阻为100Ω的电路的直流电流值。

*操作步骤：*

1）根据判断，电路中的电流为100mA左右，红色表笔插入"mA"插孔，黑色表笔插入"COM"插孔。

2）将功能量限开关箭头方向旋转至A——量限范围的200mA档位。

3）将万用表串联到待测电路中。打开万用表的电源开关读取示数。

> **注意**
>
> 如果测量前不知道被测电流的范围，则先调到最大档位，然后逐步下调。
> 示数为"1"表示超过量程，需要更换更大的档位。
> 200mA插孔的最大限量电流为200mA，20A插孔的限量电流为20A，超过范围将会损坏万用表。

a)

b)

图3-11 使用万用表测直流电路中电阻两侧的电压

（5）万用表测电压、电流的注意点

1）接通电源，如果电池电压不足，"▭"将显示在显示器上，这时需更换电池。如果显示器上没有显示"▭"，则表明万用表可以正常工作。

2）检查后盖是否盖好，没盖好前严禁使用，有电击危险。

3）测试笔插孔旁边的"⚠"符号，表示输入电压或电流不应超过指示值，这是为了保护内部线路免受损伤。以UT56数字万用表为例，左侧"⚠"标志表明"A"插孔的输入电流不应超过20A，右侧"⚠"表明"VΩ"插孔的输入电压不应超过1000V。

4）测试之前，功能量限开关应置于所需要的量限。以VC890C+数字万用表功能量限开关为例，功能量限开关的功能档位分为直流电压档、交流电压档、晶体管参数测试档、交流电流档、直流电流档、电容值测试档、温度测试档、二极管及电路通断测试档、电阻值测试档。

5）在测量电压电流时，严禁在测量的过程中转换功能量限开关档位。

6）测量高于60V的直流电压或30V的交流电压时，务必小心，切记手指不要超过测试笔挡手部分。测量完毕应关断电源，长期不用应取出电池。

(6) 短路测试

将万用表开关打开，拨动转动开关到蜂鸣档，把万用表的表笔连接在一起，万用表有蜂鸣声发出，说明导通；如果有电线短路，用万用表正负表线夹住电源正极与负极，如果有蜂鸣声，则说明短路。然后逐段检测，找出短路的位置。万用表测试正常后再通电使用，保障电路安全。

在电路中，电流不流经电器，直接连接电源两极，称为电源短路。根据欧姆定律（$I=U/R$）可知，由于导线的电阻很小，电源短路时电路上的电流会非常大。这样大的电流，电池或者其他电源都不能承受，会造成电源损坏；更为严重的是，因为电流太大，会使导线的温度升高，严重时有可能引起火灾。

# 任务2　安装湿度传感器

## 任务描述

当大厅植物缺水、水生植物温度发生变化、土壤环境发生变化或者光照环境发生变化时，可以发送信息给管理员，需要安装相应的液位传感器、水温传感器、土壤温度、湿度传感器和光照传感器。

液位传感器是一种测量液位的压力传感器。静压投入式液位变送器（液位计）是基于所测液体静压与该液体的高度成比例的原理，采用国外先进的隔离型扩散硅敏感元件或陶瓷电容压力敏感传感器，将静压转换为电信号，再经过温度补偿和线性修正，转化成标准电信号（一般为4～20mA/1～5V DC）。

水温传感器由温控器部分与电动阀控制部分组成，容器内的水温传感器将感受到的水温信号传送到控制器，控制器内的计算机将实测的水温信号与设定信号进行比较，得出偏差，然后根据偏差的性质，向给水电动阀发出"开"或"关"的指令，保证容器达到设定水温。

数字温湿度传感器系列中的土壤型专用传感器把传感元器件和信号处理器集成起来，输出全标定的数字信号。产品具有极高的可靠性与卓越的长期稳定性。传感器包括一个电容性聚合体测湿敏感元件、一个用能隙材料制成的测温元件，在同一个芯片上，与14位的A-D转换器以及串行接口电路实现无缝连接。因此，该产品具有品质卓越、响应超快、抗干扰能力强、性价比极高等优点。

光照传感器广泛适用于农业大棚、花卉培养等需要光照度监测的场合。传感器内输入电源、感应探头、信号输出3部分完全隔离，安全可靠，外观美观，安装方便。采用先进的光电转换模块，将光照强度值转化为电压值。

任务实施之前,通过搭建的应用场景,体验传感器的作用,为后续的学习提供直观的认知。

任务实施过程中,首先要求能识读电路图,做好器件与工具的准备;然后,通过仿真电路不断调整参数,再将元件器拼搭到面包板上,正确接通电源后,运行和测试电路功能,实现液位传感器的报警效果。

任务实施之后,进一步学习传感器的定义与特点、传感器的选型、应用与发展趋势等理论知识,并通过大量的实践操作来强化万用表的使用技能。

# 任务实施

## 1. 液位传感器的硬件连接

1)将液位传感器竖直放置于水容器中,必须浸入水中。
2)按照探测器接线端子说明,红线接24V,蓝线为信号线,如图3-12所示。
3)用十字螺钉旋具将信号线接4输入模拟量IN4(从上往下数第1个)上。
4)液位传感器的测试。用万用表电流档红表笔接入信号线,黑表笔接入模拟量IN4,如果数值有变化,则说明液位传感器连接正确。

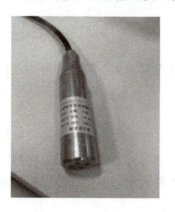

图3-12 液位传感器连线图

### 知识链接:液位传感器

液位传感器适用于石油化工、冶金、电力、制药、供排水、环保等系统和行业的各种介质的液位测量。精巧的结构、简单的调校和灵活的安装方式为用户轻松地使用提供了方便。4~20mA、0~5V、0~10mA等标准信号输出方式由用户根据需要任选。利用流体静力学原理测量液位,是压力传感器的一项重要应用。

## 2. 水温传感器的硬件连接

1)将水温传感器竖直放置于水容器中,必须浸入水中。接线:红线接24V,黑线接信号线,信号线接4输入模拟量IN3上,如图3-13所示。

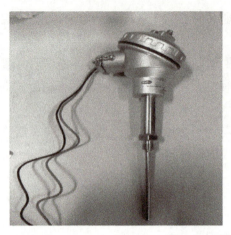 

图3-13 水温传感器连线图

2）水温传感器的测试。用万用表电流档红表笔接入信号线，黑表笔接入模拟量IN3，如果数值有变化，则说水温传感器连接正确。

> **知识链接：水温传感器**
>
> 水温传感器的内部结构均为热敏电阻，它的阻值是在275～6500Ω之间。温度越低阻值越高，温度越高阻值越低。

### 3. 土壤温度、湿度传感器的硬件连接

1）将传感器放置于水容器内。接线：褐色线接24V，蓝色线接4输入模拟量GND，灰色线接温度信号线，信号线接4输入模拟量IN1上，黑色线接水分（湿度）信号线，信号线接模拟量IN2上，如图3-14所示。

2）土壤温度、湿度传感器的测试。用万用表电流档红表笔接入信号线，黑表笔接入模拟量IN1，如果数值有变化，则说明土壤温度传感器连接正确。用万用表电流档红表笔接入信号线，黑表笔接入模拟量IN2，如果数值有变化，则说明土壤湿度传感器连接正确。

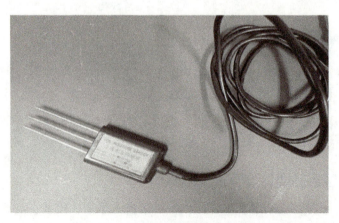

图3-14 土壤温度湿度传感器连线图

## 项目3 智能空气环境监测综合实训

> **知识链接：土壤温度、湿度传感器**
>
> 土壤温度传感器大都采用PT1000铂热电阻，它的阻值会随着温度的变化而改变。PT1000在0℃时阻值为1000Ω，它的阻值会随着温度的上升匀速增长。基于PT1000的这种特性，利用进口芯片设计电路把电阻信号转换为采集仪器常用的电压或电流信号。
>
> 土壤水分部分是基于频域反射原理，利用高频电子技术制造的高精度、高灵敏度的测量土壤水分的传感器。通过测量土壤的介电常数，能直接稳定地反映各种土壤的真实水分含量，可测量土壤水分的体积百分比，是目前国际上最流行的土壤水分测量方法。

## 知识提炼

容器内的液位传感器，将感受到的水位信号传送到控制器，控制器内的计算机将实测的水位信号与设定信号进行比较，得出偏差，然后根据偏差的性质，向给水电动阀发出"开"或"关"的指令，保证容器达到设定水位。进水程序完成后，温控部份的计算机向供给热媒的电动阀发出"开"的指令，于是系统开始对容器内的水进行加热。到设定温度时。控制器才发出关阀的命令、切断热源，系统进入保温状态。程序编制过程中，确保系统在没有达到安全水位的情况下，控制热源的电动调节阀不开阀，从而避免了热量的损失与事故的发生。

温度传感器是使用最早，应用最广泛的一类传感器，在各类传感器中所占的市场份额最大，其中电子体温计就是日常生活中最常见的一种温度传感器，如图3-15所示。

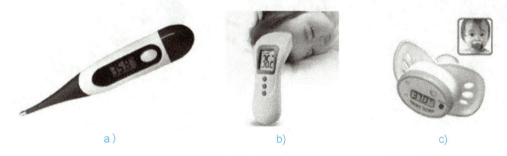

　　　　a)　　　　　　　　　　b)　　　　　　　　　　c)

图3-15　电子体温计

a）棒式体温计　b）红外体温计　c）奶嘴式体温式

温度传感器已经广泛应用在生产实践的各个领域中，为人们的生产和生活提供服务。它共有4种主要类型，分别为：热电偶、热敏电阻、电阻温度探测器（Resistance Temperature Detector，RTD）和IC温度传感器。

### 1. 热电偶

热电偶是温度测量设施中常用的测温元件，它直接把温度信号转换成热电动势信号，通过电气仪表记录并显示出被测介质的温度。热电偶的基本结构大致相同，分别由热电极、绝缘套保护管和接线盒等主要部分组成，通常和显示仪表、记录仪表及电子调节器配套使用，但它的外形可根据实际应用的需要而设计，如图3-16所示。

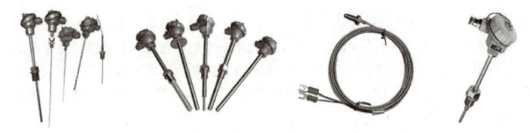

图3-16 热电偶

热电偶实际上是一种能量转换器,它将热能转换为电能,用所产生的热电势测量温度。热电偶由2种不同成份的导体两端接合成回路,其中直接用作测量介质温度的一端叫做工作端(也称为测量端),另一端叫做冷端(也称为补偿端)。冷端与显示仪表或配套仪表连接,显示仪表会指出热电偶所产生的热电势。

### 2. 热敏电阻

热敏电阻是目前发展较为成熟的温度敏感元件,它由半导体陶瓷材料制成。热敏电阻对温度敏度,不同的温度环境下会呈现不同的电阻值。依据温度与电阻值的正反比关系可分为正温度系数热敏电阻和负温度系数热敏电阻,其中,前者在温度越高时电阻值越大,后者在温度越高时电阻值越低。热敏电阻器和热敏电阻传感器的外形如图3-17所示。

图3-17 热敏电阻和热敏电阻传感器

### 3. 电阻温度探测器

电阻温度探测器是利用导体的电阻值随温度变化而变化的原理进行测温的一种传感器。目前最常见的热电阻有铂热电阻和铜热电阻,如图3-18所示。

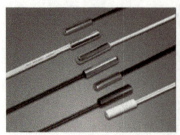
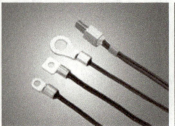

图3-18 电阻温度探测器

### 4. IC温度传感器

IC（Integrated Circuit，集成电路）温度传感器是基于PLC（Programmable Logic Controller，可编程逻辑控制器）电路的温度采样，常用于对电路板温度过高的保护。

## 能力拓展

### 1. 安装液位传感器过程中容易出现的问题及其参考解决方案

测试时无法获得液位传感器的数据。可能原因：液位传感器的信号线、4输入模拟量采集器ZigBee烧写程序错误或者组网失败。解决方法：用万用表蜂鸣档检查液位传感器的信号线、重新烧写4输入模拟量采集器ZigBee程序，再次上电重启。

### 2. 安装水温传感器过程中容易出现的问题及其参考解决方案

水温传感器头部检测部分一定要浸入水中，但传感器内部不能进水，做好防护设施。测试时无法获得水温传感器的数据。可能原因：水温传感器的信号线、4输入模拟量采集器ZigBee烧写程序错误或者组网失败。解决方法：用万用表蜂鸣档检查水温传感器的信号线、重新烧写4输入模拟量采集器ZigBee程序，再次上电重启。

### 3. 安装土壤温湿度传感器过程中容易出现的问题及其参考解决方案

测试时无法获得土壤温湿度传感器的数据。可能原因：土壤温湿度传感器的信号线、4输入模拟量采集器ZigBee烧写程序错误或者组网失败。解决方法：用万用表蜂鸣档检查土壤温湿度传感器的信号线、重新烧写4输入模拟量采集器ZigBee程序，再次上电重启。

### 4. 安装光照度传感器过程中容易出现的问题及其参考解决方案

测试时无法获得光照度传感器的数据。可能原因：光照度传感器的信号线、模拟量采集器或者485转换头之间线路接错或者松脱。解决方法：用万用表蜂鸣档检查光照度传感器的信号线、模拟量采集器或者485转换头之间的线路。

## 任务3　安装风速、大气压力和温湿度传感器

### 任务描述

咖啡厅设定在图书馆楼顶，需要检测风速、大气压力和空气中的温湿度，需要安装风速传感器、大气压力传感器和温湿度传感器。

风速传感器是可连续监测上述地点的风速、风量（风量=风速×横截面积）大小，能够对所处巷道的风速风量进行实时显示，是矿井通风安全参数测量的重要仪表。其传感器

组件由风速传感器、风向传感器、传感器支架组成。主要适用于煤矿井下具有瓦斯爆炸危险的各矿井通风总回风巷、风口、井下主要测风站、扇风机井口、掘进工作面、采煤工作面等处。

  大气压力传感器是在单晶硅片上扩散上一个惠斯通电桥，电压阻效应使桥壁电阻值发生变化，产生一个差动电压信号。此信号经专用放大器，再经电压电流变换，将量程相对应的信号转化成标准的4～20mA/1～5V DC。

  温湿度传感器广泛适用通信机房、仓库楼宇以及自动控制等需要温湿度监测的场所，传感器内输入电源、测温单元、信号输出3部分完全隔离，安全可靠，美观，安装方便。

  在任务实施过程中，首先要求能识读电路图，做好器件与工具的准备。然后，通过仿真电路不断调整参数。再将元器件拼搭到面包板上，正确接通电源后，运行和测试电路功能，实现风速传感器的报警效果。

  任务实施之后，进一步学习传感器的定义与特点、传感器的选型、应用与发展趋势等理论知识，并通过大量的实践操作来强化万用表的使用技能。

## 任务实施

### 1. 风速传感器的硬件连接

1) 风速传感器底部用M5螺钉固定在工位上。接线：红线接24V，黑线接GND，蓝线为信号线，接在模拟量输入采集模块ADAM4017的VIN3+上，如图3-19所示。

 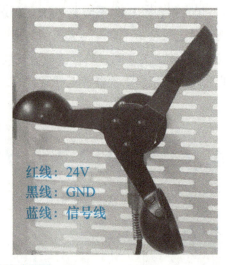

图3-19 风速传感器图

2) 风速传感器的测试。用万用表电流档红表笔接入信号线，黑表笔接入模拟量输入采集模块ADAM4017的VIN3+上，转动风速传感器，观察万用表，如果数值有变化，则说明风速传感器连接正确。

> **知识链接：风速传感器**
>
> 在流动方向上设置一个固定的障碍物（孔板、喷嘴等），首先将风速信号转换成电信号，再通过频率电压转换器，将不同频率的风速信号转换成不同的电压。

### 2. 大气压力传感器的硬件连接

1）安装模块于工位上，通过左右各3颗M4螺钉固定住。

2）按照探测器接线端子说明，红色线接24V，黑色线接GND，蓝色线是信号线，如图3-20所示。

3）用十字螺钉旋具将信号线接到模拟量输入采集模块ADAM4017的VIN4+上。

4）大气压力传感器的测试。用万用表电流档红表笔接入信号线，黑表笔接入模拟量输入采集模块ADAM4017的VIN4+，观察万用表，如果数值有变化，则说明大气传感器连接正确。

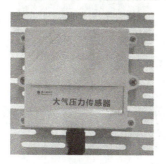

图3-20　大气压力传感器安装连接

> **知识链接：大气压力传感器**
>
> 大气压力传感器是以单晶硅为基体，采用先进的离子注入工艺和微机械加工工艺，制成的具有惠斯顿电桥和精密力学结构的硅敏感元件。被测压力通过压力接口作用在硅敏感元件上，实现了所加压力与输出信号的线性转换，经激光修调的厚膜电阻网络补偿了敏感元件的温度性能。

### 3. 温湿度传感器的硬件连接

安装布线说明：选用4线制接法，见表3-1。

表3-1　温湿度传感器4线制接法

| 序　号 | 内部标识 | 说　明 |
| --- | --- | --- |
| 1 | T | 温度信号正 |
| 2 | V+ | 电源正 |
| 3 | GND | 电源负、温度信号负、湿度信号负 |
| 4 | RH | 湿度信号负 |

扫描二维码观看视频

1）通过左右各一颗M4螺钉固定在工位上，加上螺钉和垫片。

2）按照探测器接线端子说明，红线接24V，黑线接GND，如图3-21所示。

3）用十字螺钉旋具将绿色线HUMI接湿度信号线，信号线接模拟量输入采集模块ADAM4017的VIN2+上。蓝色线TEMP接温度信号线，信号线接模拟量输入采集模块ADAM4017的VIN0+上。

4）温湿度传感器的测试。用万用表电流档红表笔接入信号线，黑表笔接入模拟量输入采集模块ADAM4017的VIN2+和VIN0+，观察万用表，如果数值有变化，则说明温湿度传感器连接正确。

图3-21　温湿度传感器及连接图

### 知识链接：温湿度传感器

温湿度传感器把空气中的温湿度通过一定的检测装置，测量到温湿度后，按一定的规律变换成电信号或其他所需形式的信息输出，用以满足用户需求。

## 知识提炼

### 1. 风速传感器

风速传感器按原理可分为超声波式、螺旋桨式和霍尔效应式电磁风速传感器3种。

超声波式风速传感器主要是利用超声波时差法来实现对风速的测量。声音在空气中的传播速度会和风向上的气流速度叠加。若超声波的传播方向与风向相同，它的速度会加快；反之，它的速度会变慢。因此，在固定的检测条件下，超声波在空气中传播的速度可以和风速函数对应。通过计算即可得到精确的风速和风向。

螺旋桨式风速传感器主要是由螺旋桨叶片、传感器轴、传感器支架以及磁感应线圈等组成。它利用的是流动空气的动能来推动传感器的螺旋桨旋转，然后通过螺旋桨的转速计算出流过末端装置的空气流速。

在半导体上通电并将其置于磁场中，如果磁场与电流的方向垂直，则在磁场的作用下，载流子（电子或空穴）的运动方向发生偏转。在垂直于电流和磁场的方向上就会形成电荷积累，出现电势差。其输出电压与磁场强度成正比。这一现象称为霍耳效应（Hall Effect）。

霍尔效应式电磁风速传感器属于霍尔式传感器，是利用霍尔效应的原理制成的。它利用霍尔效应使位移带动霍尔元件在磁场中运动产生霍尔电热，即把位移信号转换成电热变化信号的传感器。

霍尔效应式电磁风速传感器是小型封闭式转速传感器。通过联轴节与与被测轴连接。当转轴旋转时,将转角转换成电脉冲信号,供二次仪表使用。该传感器具有体积小、结构简单、无触点、启动力矩小等特点,使用寿命长,可靠性高,频率特性好,并可进行连续测量。

### 2. 气压传感器

空气压缩机的气压传感器主要由薄膜、顶针和一个柔性电阻器来完成对气压的检测与转换功能。

薄膜对气压强弱的变化异常敏感,一旦感应到气压的变化就会发生变形并带动顶针动作,这一系列动作将改变柔性电阻的电阻值,将气压的变化转换为电阻阻值的变化以电信号的形式呈现出来,之后对该电信号进行相应的处理并输出给计算机呈现出来。

有的气压传感器利用变容式硅膜盒来完成对气压的检测。当气压发生变化时引发变容式硅膜盒发生形变并带动硅膜盒内平行板电容器电容量的变化,从而将气压变化以电信号形式输出,经相应处理后传送至计算机得以展现。

### 3. 湿度传感器

湿敏元件是最简单的湿度传感器。湿敏元件主要有电阻式和电容式两大类。

电阻式湿敏元件的特点是在基片上覆盖一层用感湿材料制成的膜,当空气中的水蒸气吸附在感湿膜上时,元件的电阻率和电阻值都发生变化,利用这一特性即可测量湿度。

电容式湿敏元件一般是用高分子薄膜电容制成的,常用的高分子材料有聚苯乙烯、聚酰亚胺、酪酸醋酸纤维等。当环境湿度发生改变时,湿敏电容的介电常数发生变化,使其电容量也发生变化,其电容变化量与相对湿度成正比,利用这一特性即可测量湿度。

电子式湿敏传感器的准确度可达2~3%RH,这比干湿球测湿精度高。湿敏元件的线性度及抗污染性差,在检测环境湿度时,湿敏元件要长期暴露在待测环境中,很容易被污染而影响其测量精度及长期稳定性。这方面没有干湿球测湿方法好。下面对各种湿度传感器进行简单介绍。

#### (1) 氯化锂湿度传感器

第一个基于电阻—湿度特性原理的氯化锂电湿敏元件是由美国标准局的F.W.Dunmore研制出来的。这种元件具有较高的精度,同时结构简单、价廉,适用于常温常湿的测控等。氯化锂电湿敏元件的测量范围与湿敏层的氯化锂浓度及其他成分有关。单个元件的有效感湿范围一般在20%RH以内。例如,0.05%的浓度对应的感湿范围约为(80~100)%RH,0.2%的浓度对应的范围是(60~80)%RH等。由此可见,要测量较宽的湿度范围时,必须把不同浓度的元件组合在一起使用。可用于全量程测量的湿度计组合的元件数一般为5个,采用元件组合法的氯化锂湿度计可测范围通常为(15~100)%RH,国外有些产品声称其测量范围可达(2~100)%RH。

露点式氯化锂湿度计是由美国的Forboro公司首先研制出来的,其后我国和许多国家都做了大量的研究工作。这种湿度计和上述电阻式氯化锂湿度计形式相似,但工作原理却完全不同。简而言之,它是利用氯化锂饱和水溶液的饱和水汽压随温度变化的特性进行工作的。

### （2）碳湿敏元件

碳湿敏元件是美国的E.K.Carver和C.W.Breasefield于1942年首先提出来的，与常用的毛发、肠衣和氯化锂等探空元件相比，碳湿敏元件具有响应速度快、重复性好、无冲蚀效应和滞后环窄等优点。我国气象部门于20世纪70年代初开展碳湿敏元件的研制，并取得了积极的成果，其测量不确定度不超过±5%RH，时间常数在正温时为2～3s，滞差一般在7%左右，比阻稳定性亦较好。

### （3）氧化铝湿度计

氧化铝传感器的突出优点是，体积可以非常小（例如，用于探空仪的湿敏元件仅90μm厚、12mg重），灵敏度高（测量下限达-110℃露点），响应速度快（一般在0.3～3s之间），测量信号直接以电参量的形式输出，大大简化了数据处理程序等。另外，它还适用于测量液体中的水分。如上特点正是工业和气象中的某些测量领域所希望的。因此它被认为是进行高空大气探测可供选择的几种合乎要求的传感器之一。也正是因为这些特点使人们对这种方法产生浓厚的兴趣。然而，遗憾的是尽管许多国家的专业人员为改进传感器的性能进行了不懈的努力，但是在探索生产质量稳定的产品的工艺条件以及提高性能稳定性等与实用有关的重要问题上始终未能取得重大的突破。因此，到目前为止，传感器通常只能在特定的条件和有限的范围内使用。近年来，这种方法在工业中的低霜点测量方面开始崭露头角。

### （4）陶瓷湿度传感器

在湿度测量领域中，对于低湿和高湿及其在低温和高温条件下的测量，到目前为止仍然是一个薄弱环节，而其中又以高温条件下的湿度测量技术最为落后。以往，通风干湿球湿度计几乎是在这个温度条件下可以使用的唯一方法，而该法在实际使用中亦存在种种问题，无法令人满意。另一方面，科学技术的发展，要求在高温下测量湿度的场合越来越多，例如，水泥、金属冶炼、食品加工等涉及工艺条件和质量控制的许多工业过程的湿度测量与控制。因此，自20世纪60年代起，许多国家开始竞相研制适用于高温条件下进行测量的湿度传感器。考虑到传感器的使用条件，人们很自然地把探索方向着眼于既具有吸水性又能耐高温的某些无机物上。实践已经证明，陶瓷元件不仅具有湿敏特性，而且还可以作为感温元件和气敏元件。这些特性使它极有可能成为一种有发展前途的多功能传感器。寺日、福岛、新田等人在这方面已经迈出了颇为成功的一步。他们于1980年研制成被称为"湿瓷-Ⅱ型"和"湿瓷-Ⅲ型"的多功能传感器。前者可测控温度和湿度，主要用于空调，后者可用来测量湿度和诸如酒精等多种有机蒸气，主要用于食品加工方面。

## 能力拓展

### 1. 安装风速传感器过程中容易出现的问题及其参考解决方案

测试时无法获得风速传感器的数据。可能原因：风速传感器的信号线、模拟量采集器或者485转换头之间线路接错或者松脱。解决方法：用万用表蜂鸣档检查风速传感器的信号线、模拟量采集器或者485转换头之间的线路。

### 2. 安装大气压力传感器过程中容易出现的问题及其参考解决方案

测试时无法获得大气压力传感器的数据。可能原因：大气压力传感器的信号线、模拟量采集器或者485转换头之间线路接错或者松脱。解决方法：用万用表蜂鸣档检查大气压力传感器的信号线、模拟量采集器或者485转换头之间的线路。

### 3. 安装温湿度传感器过程中容易出现的问题及其参考解决方案

测试时无法获得温湿度传感器的数据。可能原因：温湿度传感器的信号线、模拟量采集器或者485转换头之间线路接错或者松脱。解决方法：用万用表蜂鸣档检查温湿度传感器的信号线、模拟量采集器或者485转换头之间的线路。

## 任务4　安装空气质量传感器

### 任务描述

咖啡厅设在图书馆楼顶，需要检测$CO_2$浓度和空气质量，需要安装$CO_2$传感器和空气质量传感器。

二氧化碳传感器是用于检测二氧化碳浓度的机器。它将现场检测到的二氧化碳浓度转换成4～20mA电流信号输出，广泛应用于石油、化工、冶金、炼化、燃气输配、生化医药及水处理等行业。

空气质量传感器是一种半导体气体传感器，对各种空气污染都有很高的灵敏度，响应时间快，可在极低的功耗情况下得出单位体积内等效粒径的颗粒物粒子个数，并以科学独特的算法计算出单位体积内等效粒径的颗粒物质量浓度，并以传统模拟量信号（4～20mA、0～10V、0～5V）进行数据输出。可用于室外气象站、扬尘监测、图书馆、档案馆、工业厂房等需要监测PM2.5或PM10浓度的场所。要将空气质量传感器的输出转换成电流输出，需要安装电流变换器。

任务实施过程中，首先要求能识读电路图，做好器件与工具的准备；然后，通过仿真电路不断调整参数；再将元件器拼搭到面包板上，正确接通电源后，运行和测试电路功能，实现$CO_2$传感器的报警效果。

任务实施之后，进一步学习传感器的定义与特点、传感器的选型、应用与发展趋势等理论知识，并通过大量的实践操作来强化万用表的使用技能。

### 任务实施

#### 1. $CO_2$传感器的硬件连接

1）通过左右各3颗M4螺钉固定在工位上。

2）按照探测器接线端子的说明，红色线接24V，黑线接负极，蓝色线是信号线，如图3-22所示。

3）用十字螺钉旋具将信号线接到模拟量输入采集模块ADAM4017的VIN6+上。

图3-22　$CO_2$传感器及安装连线

4）$CO_2$传感器的测试。用万用表电流档红表笔接入信号线，黑表笔接入模拟量输入采集模块ADAM4017的VIN6+，观察万用表，如果数值有变化，则说明$CO_2$传感器连接正确。

> **知识链接：$CO_2$传感器**
>
> 　　二氧化碳传感器具有很好的选择性，无氧气依赖，寿命长，并且内置温度传感器，可以进行温度补偿。

### 2. 空气质量传感器的硬件连接

1）将传感器用4颗螺钉固定在专用的亚克力板平滑的一面，突起的部分贴在工位上，无突起的部分用2颗螺钉固定在工位上。

2）按照探测器接线端子的说明，红线接5V，黑线接GND，黄线为信号线，如图3-23所示。

3）用十字螺钉旋具将信号线接在电压电流变送器的"3"号接线柱上。

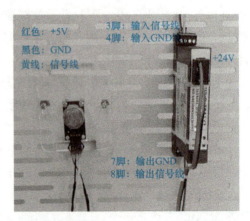

图3-23　空气质量传感器和电流变换器

4）空气质量传感器的测试。用万用表电流档红表笔接入信号线，黑表笔接入模拟量输入采集模块ADAM4017的VIN7+，观察万用表，如果数值有变化，则说明空气质量传感器和电压电流变换器连接正确。

### 3. 电压电流变换器的硬件连接

1）用塑料扎带，将头尾绑在工位上。

2）按照探测器接线端子的说明，将3端和4端分别接空气质量传感器的信号线和GND线，7端和8端分别接GND和模拟量输入采集模块ADAM4017的VIN7+上，C端和9端分别接24V和GND。

> **注意**
>
> 接线端子容易脱落，请在使用时注意并妥善保管。

> **知识链接：电压电流变换器**
>
> 电压电流变换器主要是将（0～5V）电压变换到（4～20mA）电流。
>
> 1. 电流型输出信号转换计算
>
> 量程为0～6000ug/$m^3$，4～20mA输出，当输出信号为12mA时，计算当前PM2.5的值。
>
> 量程的跨度为6000ug/$m^3$，用16mA电流信号来表达，6000ug/$m^3$/16mA=375ug/$m^3$/mA，即电流每变化1mA对应PM2.5变化375ug/$m^3$。那么可以计算测量值12mA−4mA=8mA，8mA×375ug/$m^3$/mA=3000ug/$m^3$，则当前的PM2.5=3000ug/$m^3$。同理可计算PM10。
>
> 2. 电压型输出信号转换计算
>
> 量程为0～6000ug/$m^3$，以0～10V输出为例，当输出信号为5V时，计算当前PM2.5的值。
>
> 量程的跨度为6000ug/$m^3$，用10V电压信号来表达，6000ug/$m^3$/10V=600ug/$m^3$/V，即电压每变化1V对应PM2.5变化600ug/$m^3$。测量值5V−0V=5V。5V×600ug/$m^3$=3000ug/$m^3$。则当前PM2.5为3000ug/$m^3$。同理可计算PM10。

## 知识提炼

传感器需要经常校准，并只能在清洁的环境中工作。传统的$CO_2$传感器对于像$CO_2$这样的不可燃气体的测量尤其困难，化学传感器很难胜任这项工作，使用寿命也很短。其他的各种间接测量方法，由于通常不仅对一种气体组成度敏感，所以其精度很低且漂移量较大。采用了单束双波长非发散性红外线测量方法，其独特之处在于它的滤光镜是一种袖珍电子调谐干扰仪。这种滤光镜保证了它所透过的光波波长的精确性和稳定性，避免了由于滤光镜探测器不匹配而发生的问题以及传统的旋转式滤光镜所产生的磨损。

各种气体都会吸收光。不同的气体吸收不同波长的光，比如，$CO_2$就对红外线（波长为

4.26m）最敏感。二氧化碳分析仪通常是把被测气体吸入一个测量室，测量室的一端安装有光源而另一端装有滤光镜和探测器。滤光镜的作用是只容许某一特定波长的光线通过。探测器则测量通过测量室的光通量。探测器所接收到的光通量取决于环境中被测气体的浓度。

## 能力拓展

### 1. 安装$CO_2$传感器过程中容易出现的问题及其参考解决方案

测试时无法获得$CO_2$传感器的数据。可能原因：$CO_2$传感器的信号线、模拟量采集器或者485转换头之间线路接错或者松脱。解决方法：用万用表蜂鸣档检查$CO_2$传感器的信号线、模拟量采集器或者485转换头之间的线路。

### 2. 安装空气质量传感器过程中容易出现的问题及其参考解决方案

测试时无法获得空气质量传感器的数据。可能原因：空气质量传感器的信号线、模拟量采集器或者485转换头之间线路接错或者松脱。解决方法：用万用表蜂鸣档检查空气质量传感器的信号线、模拟量采集器或者485转换头之间的线路。

# 任务5　安装网络设备

## 任务描述

全部智能图书馆的有线、无线Wi-Fi组网需要安装路由器。路由器（Router）是连接互联网中各局域网、广域网的设备，它会根据信道的情况自动选择和设定路由，以最佳路径，按前后顺序发送信号。路由器是互联网络的枢纽、"交通警察"。目前路由器已经广泛应用于各行各业，各种不同档次的产品已成为实现各种骨干网内部连接、骨干网间互联和骨干网与互联网互联互通业务的主力军。

全部智能图书馆RS-232、RS-485网络需要安装串口服务器。串口服务器提供串口转网络功能，能够将RS-232/485/422串口转换成TCP/IP网络接口，实现RS-232/485/422串口与TCP/IP网络接口的数据双向透明传输。使得串口设备能够立即具备TCP/IP网络接口功能，连接网络进行数据通信，极大地扩展串口设备的通信距离。

## 任务实施

### 1. 路由器的硬件连接

先安装塑料底板，左右两边再用M5螺钉固定在工位上，如图3-24所示。

图3-24 路由器及路由器接口

> **知识链接：路由器设备**
>
> 路由器（Router）又称网关设备（Gateway）是用于连接多个逻辑上分开的网络。所谓逻辑网络是代表一个单独的网络或者一个子网。当数据从一个子网传输到另一个子网时，可通过路由器的路由功能来完成。因此，路由器具有判断网络地址和选择IP路径的功能，它能在多网络互联环境中建立灵活的连接，可用完全不同的数据分组和介质访问方法连接各种子网，路由器只接受源站或其他路由器的信息，属于网络层的一种互联设备。

### 2. 串口服务器的硬件连接

1) 先安装塑料底板，左右两边再用M5螺钉固定在工位上。连接如图3-25所示。

图3-25 串口服务器及安装连线图

2) 软件安装。

① 安装串口服务器驱动程序，双击串口服务器驱动程序软件"vser"。

② 安装成功后，运行串口配置软件，单击"扫描"按钮，扫描串口服务器的IP地址，如图3-26所示。

图3-26　串口服务器配置界面

③ 配置临时IP地址（一般和主机IP在同一个网段，已确保计算机能访问到），如图3-27所示。

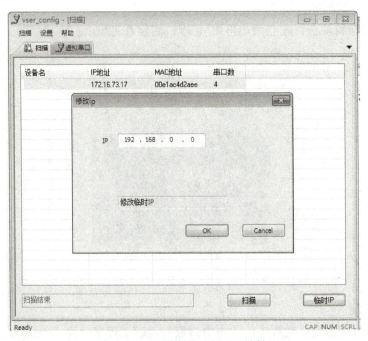

图3-27　配置串口服务器IP地址

④ 访问刚才配置的串口服务器IP地址，检查相关配置是否正常，如图3-28所示。

图3-28　检查串口服务器相关配置

### 知识链接：串口服务器

串口服务器提供串口转网络功能，能够将RS-232/485/422串口转换成TCP/IP网络接口，实现RS-232/485/422串口与TCP/IP网络接口的数据双向透明传输。它使得串口设备能够立即具备TCP/IP网络接口功能，连接网络进行数据通信，极大地扩展串口设备的通信距离。

### 知识提炼

路由器的主要作用是转发数据包，将每一个IP数据包由一个端口转发到另一个端口。转发行为既可以由硬件完成，也可以由软件完成，显然硬件转发的速度要快于软件转发的速度，无论哪种转发都根据"转发表"或"路由表"来进行，该表指明了到某一目的地址的数据包将从路由器的某个端口发送出去，并且指定了下一个接收路由器的地址。每一个IP数据包都携带一个目的IP地址，沿途的各个路由器根据该地址到表中寻找对应的路由，如果没有合适的路由，则路由器将丢弃该数据包，并向发送该包的主机发送一个通知，表明要去的目的地址"不可达"。

路由表是路由器软件系统的核心内容，动态路由协议就是用来收集路由信息，为路由表的创建提供原始素材。简单来讲，当路由器加电后经过人工适当配置后，如指定端口IP地址等，路由器已经能够识别它的各个接口卡上的所有已经启动并且经过配置的端口所连接的网络，路由器就有了最初的路由表，这时各个端口所连的网络就可以互通了。如何将最初的路由表告知其他路由器，这就是动态路由协议的任务了。路由器将自身的路由信息通过路由协议所规定的数据格式发送出去，接收到该信息的路由器如果也运行了相同的路由协议，就可以将该信息加以保存，根据规则对收到的信息加工处理，这样它的路由表得到扩充与丰富，再将变化后的路由表发送给其他路由器，经过一段时间，所有的路由器都得到了关于整个网络的路由信息，该过程也称为路由收敛。当网络拓扑结构发生变化时，路由信息要重新进行收敛。

动态路由协议有许多种，它们的适用范围与特性各不相同，ZXR10（中兴通讯数通产品）支持常用的几种路由协议：路由信息协议（RIP v2）、开放最短路径优先（OSPF v2）、边界网关协议（BGP v4）。这几种路由协议同时运行时，各自收集到路由信息按照优先权顺序安装到路由表中，只有优先权最高的路由信息起到转发作用，其他的做为备份。当最高优先权的路由信息失效时，次优先权的路由信息得以启用，如图3-29所示。

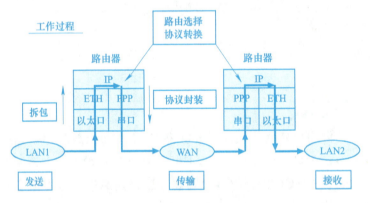

图3-29　路由器工作流程

串口服务器可以完成RS-232/485/422到TCP/IP之间的数据转换。它提供RS-232/485/422终端串口与TCP/IP网络的数据双向透明传输，提供串口转网络功能，RS-232/485/422转网络的解决方案，可以让串口设备立即联接网络。

随着互联网的广泛普及，"让全部设备连接网络"已经成为全世界企业的共识。为了能跟上网络自动化的潮流，不至于失去竞争优势，必须建立高品位的数据采集、生产监控、即时成本管理的联网系统。利用基于TCP/IP的串口数据流传输来控制管理的设备硬件，无须投资大量的人力、物力来进行管理、更换或者升级。

串口服务器就使得基于TCP/IP的串口数据流传输成为了可能，它能将多个串口设备连接并能将串口数据流进行选择和处理，把现有的RS-232接口的数据转化成IP端口的数据，然后进行IP化的管理、IP化的数据存取，这样就能将传统的串行数据送上流行的IP通道，而无须过早淘汰原有的设备，从而提高了现有设备的利用率，节约了投资，还可在既有的网络基础上简化布线复杂度。串口服务器完成的是一个面向连接的RS-232链路和面向无连接以太网之间的通信数据的存储控制，系统对各种数据进行处理，处理来自串口设备的串口数据流，并进行格式转换，使之成为可以在以太网中传播的数据帧，对来自以太网的数据帧进行判断，并转换成串行数据送达相应的串口设备。

## 能力拓展

在使用串口服务器的过程中，一般按照操作手册进行操作就可以解决问题。但是，在实际操作中还是会出现一些异常情况，罗列如下。

### 1. 使用转换器设置程序，不能找到设备

1）由于转换器设置程序是利用UDP进行的，可能因防病毒软件带的防火墙将UDP请求阻挡住，导致不能找到设备。

2）有些时候客户将防病毒软件已经关闭，但是还是不能找到设备，在此情况下，可能是Windows XP操作系统自带的防火墙阻挡了UDP请求。如果要将防火墙关闭，请按照以下步骤操作：在"网上邻居"上单击鼠标右键，在弹出的快捷菜单中选择"属性"命令，在"本地连接"上单击鼠标右键，在弹出的快捷菜单中选择"属性"命令，再选择"高级"选项，单击"设置"按钮，进入相关页面，关闭防火墙。

3）将所有防火墙都关闭，如果还是不能找到设备，则必须找网络管理员。因为在该情况下，有可能是串口服务器设置的IP地址与局域网内的计算机IP地址冲突，导致设备不能找到。也有可能是由于网络管理员对局域网进行管理，不允许没有注册的IP地址、MAC地址在局域网内运行，可以要求网络管理员开放。

### 2. 对转换器进行设备完成之后，发现不能建立TCP连接

1）可能防火墙将TCP连接挡住，不让其建立连接，可以参考上面的一些方法进行解决。

2）可能IP地址设置有误。转换器作为客户端的时候，服务器的IP地址为计算机的IP地址或者与转换器通信的网络设备。转换器作为服务器端的时候，在使用虚拟串口的"连接管理系统"时，在设置向导中有一个"转换器作为服务器端"的设置，将转换器的IP地址、端口号填入。

3）使用虚拟串口的时候，一定选择"转换器设置程序"中"串口参数设置"中的"使用虚拟串口"，如果没有选上这个选项，则连接管理系统不能建立TCP连接。但是如果没有使用虚拟串口，而是直接基于WinSocket使用程序，则这个选项必须要去除，否则数据会出现乱码。

### 3. 建立了TCP连接，但是不能通信

这种情况一般都是在使用虚拟串口的情况下，多见于485转TCP/IP的情况。一般情况下，485总线的通信协议是通过轮询来实现点到多点的通信，如果主机向从机点名且在某个规定的时间内没有响应，则主机视为从机不存在。因为默认的参数是有一定的延时，所以将延时修改就可以解决这个问题。即在串口服务器"转换器设置程序"中的"串口参数设置"中将网络最小发送时间和网络最大发送字节全部设置为0，就可以解决这个问题。

# 任务6　安装SQL Server 2008数据库

## 任务描述

全部智能图书馆的环境数据（包括温度、湿度、风速、光照等）、信息数据（包括图书、借阅者、巡逻者等）、商品数据（超市商品）都需要上传至服务器，进行保存、分析、处理。数据库作为整个系统中的数据存储、管理中心，是系统的"大脑"。

SQL Server系列软件是Microsoft公司推出的关系型数据库管理系统。SQL Server 2008作为专业的数据库管理系统，可以存储和管理许多数据类型，包括XML、e-mail、时间/日历、文件、文档、地理等，同时提供一个丰富的服务集合来与数据交互作用：搜索、查询、数据分析、报表、数据整合，和强大的同步功能。用户可以访问从创建到存档于任何设备的信息，从桌面到移动设备的信息。本任务主要讲解SQL Server 2008数据库的安装与导入。

## 任务实施

1）运行SQL Server 2008 R2安装包中的"setup.exe"，在弹出的窗口中选择"安装"，在安装页面的右侧单击"全新安装或向现有安装添加新功能"按钮，如图3-30所示。

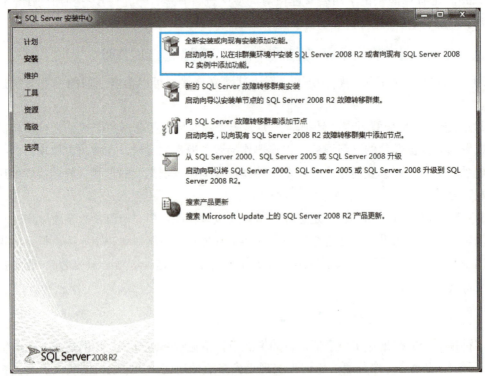

图3-30　开始安装SQL Server 2008 R2

2）弹出安装程序支持规则，检测安装是否能顺利进行，全部通过后单击"确定"按钮，否则可单击"重新运行"按钮来检查，如图3-31所示。

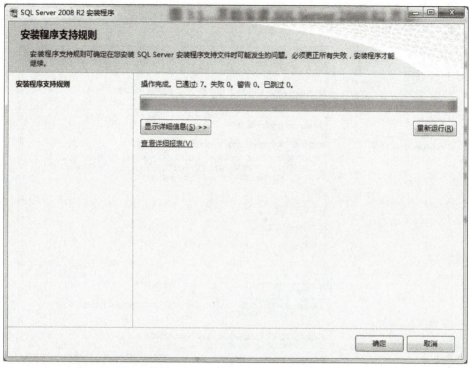

图3-31　安装程序支持规则检查

3）在弹出的"产品密钥"对话框中选中"输入产品密钥"单选按钮，输入SQL Server 2008 R2安装资料的产品密钥，单击"下一步"按钮，如图3-32所示。

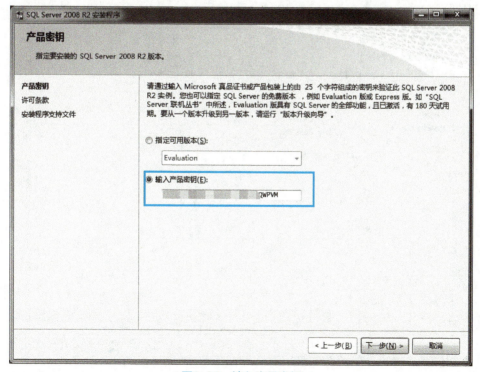

图3-32　输入产品密钥

4)在弹出的"许可条款"对话框中,选择"我接受许可条款"复选框,单击"下一步"按钮,如图3-33所示。

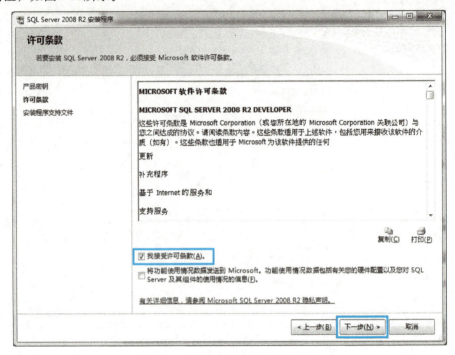

图3-33 选择"我接受许可条款"

5)弹出"安装程序支持文件"对话框,单击"安装"按钮以安装程序支持文件,如图3-34所示。

图3-34 安装程序支持文件

6）单击"下一步"按钮，弹出"安装程序支持规则"对话框，可确定在安装SQL Server安装程序文件时可能发生的问题。必须更正所有失败，安装程序才能继续。确认通过后单击"下一步"按钮，如图3-35所示。

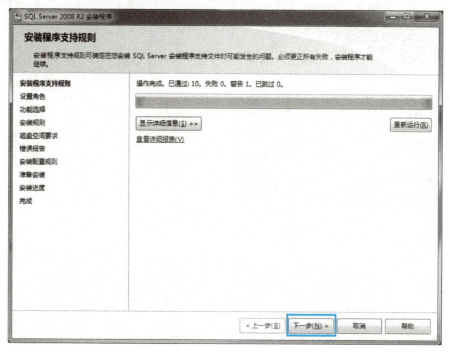

图3-35　安装程序支持规则

7）选中"SQL Server功能安装"单选按钮，单击"下一步"按钮，如图3-36所示。

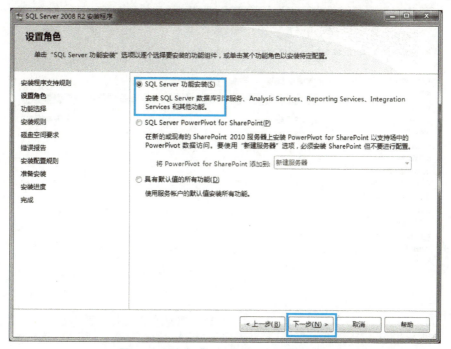

图3-36　选中"SQL Server功能安装"

8)在弹出的"功能选择"对话框中选择要安装的功能并选择"共享功能"目录,单击"下一步"按钮,如图3-37所示。

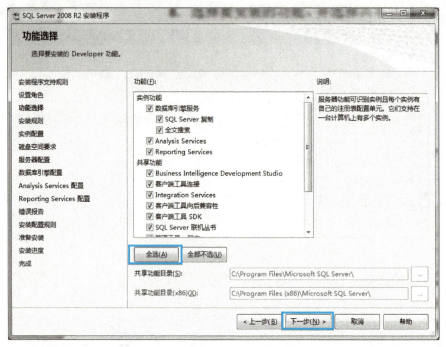

图3-37　选择要安装的SQL Server组件

9)弹出"安装规则"对话框,安装程序正在运行规则以确定是否要阻止安装过程,查看有关详细信息请单击"帮助"按钮,如图3-38所示。

图3-38　"安装规则"对话框

10）单击"下一步"按钮，弹出"实例配置"对话框。设定SQL Server实例的名称和实例ID。实例ID将成为安装路径的一部分。这里选择默认实例，如图3-39所示。

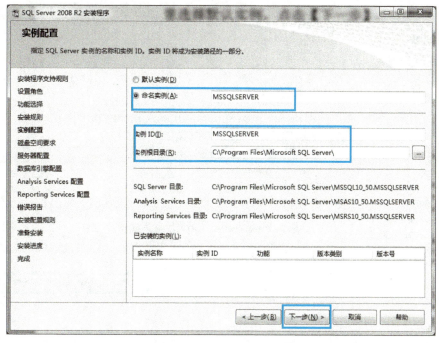

图3-39 "实例配置"对话框

11）单击"下一步"按钮弹出"磁盘空间要求"对话框，可以查看选择的SQL Server功能所需的磁盘摘要，如图3-40所示。

图3-40 "硬盘空间要求"对话框

12）单击"下一步"按钮，弹出"服务器配置"对话框，指定服务账户和排序规则配置，单击"对所有SQL Server服务使用相同的账户"，如图3-41所示。

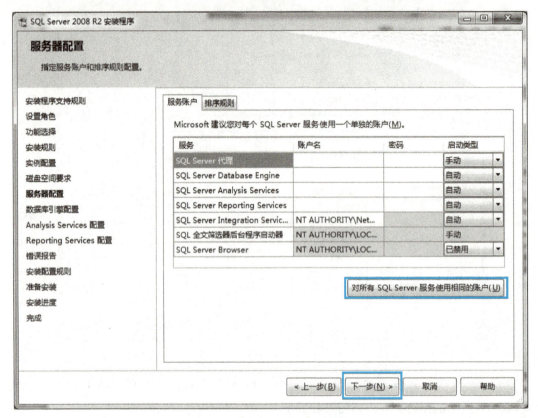

图3-41 "服务器配置"对话框

13）在出现的对话框中，为所有SQL Server服务账户指定一个用户名和密码，如图3-42所示。

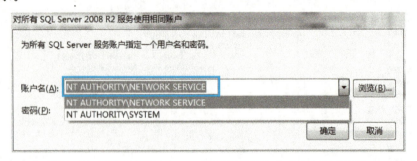

图3-42 为所有SQL Server服务账户指定一个用户名和密码

14）单击"下一步"按钮，弹出"数据库引擎配置"对话框，选中"混合模式"单选按钮，输入sa账户的密码123123，单击"添加当前用户"按钮然后单击"下一步"按钮，如图3-43所示。

15）进入"Analysis Services配置"对话框，单击"添加当前用户"按钮后单击"下一步"按钮，如图3-44所示。

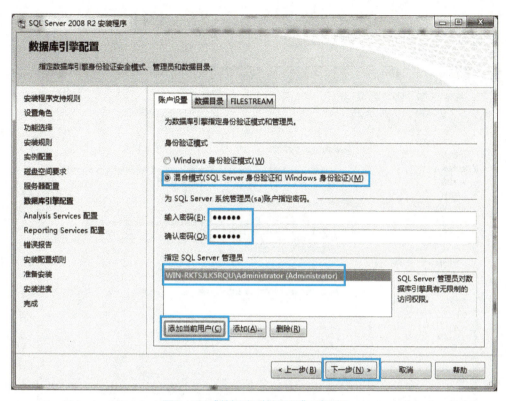

图3-43 "数据库引擎配置"对话框

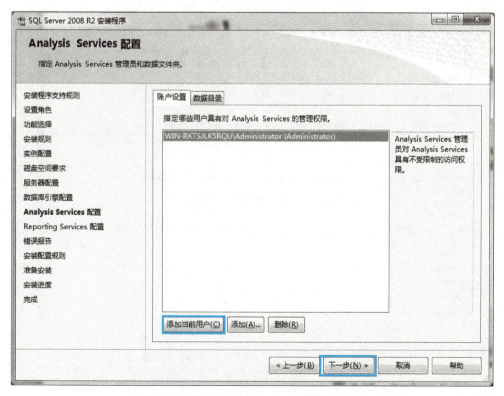

图3-44 "Analysis Services配置"对话框

16）进入"Reporting Services配置"对话框，进行设置后单击"下一步"按钮，如图3-45所示。

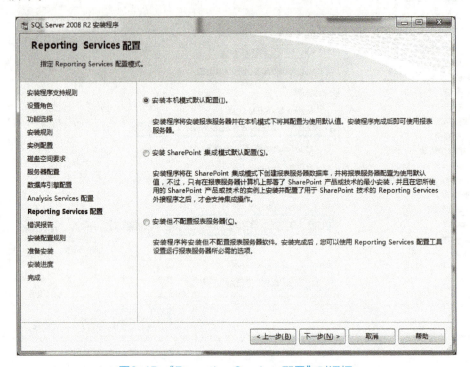

图3-45 "Reporting Services配置"对话框

17）进入"错误报告"对话框，单击"下一步"按钮继续，如图3-46所示。

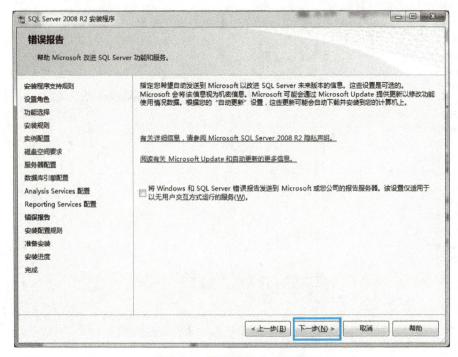

图3-46 "错误报告"对话框

18）进入"安装配置规则"对话框，单击"下一步"按钮继续，如图3-47所示。

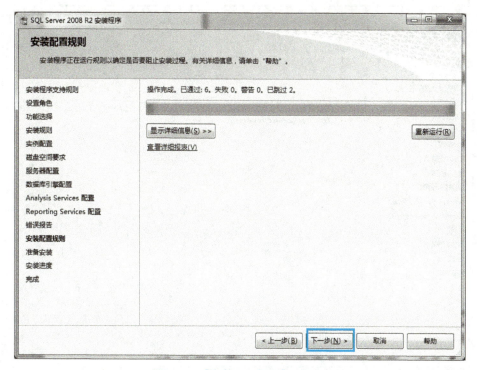

图3-47 "安装配置规则"对话框

19）进入"准备安装"对话框，单击"安装"按钮开始安装，如图3-48所示。

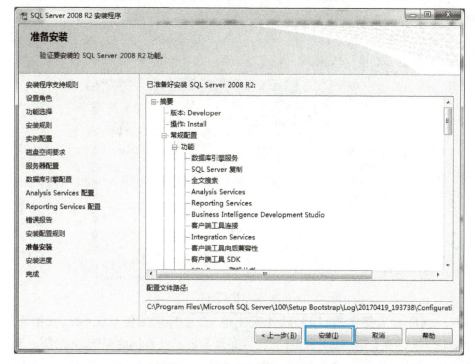

图3-48 "准备安装"对话框

20)程序开始安装,等待安装过程,如图3-49所示。

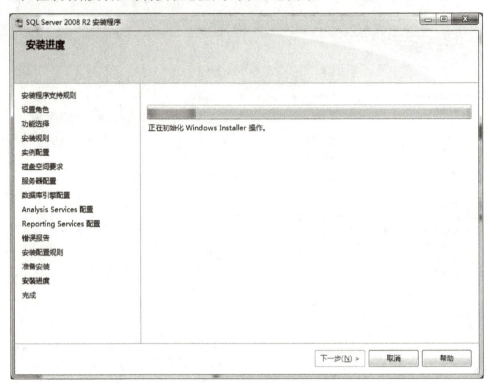

图3-49 "安装进度"对话框

21)安装完成后,双击桌面快捷图标"SQL Server Management Studio"或选择"开始"→"SQL Server Management Studio"命令,打开如图3-50所示的SQL Server 2008 R2登录主界面。"服务器名称"输入".","登录名"输入"sa","密码"输入"123123",单击"连接"按钮。

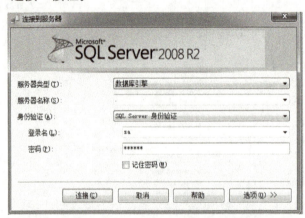

图3-50 SQL Server 2008 R2登录窗口

22)找到配套资源中的"03_软件安装包\智能环境监控系统\01.数据库"中的"Database"文件夹,将"Database"文件夹复制自己计算机的到D盘或E盘,但不能复制到桌面上。使用"sa"账户登录SQL Server2008 R2。在"数据库"上单击鼠标右键,在弹出快捷菜单中选择"附加（A）"命令，如图3-51所示。

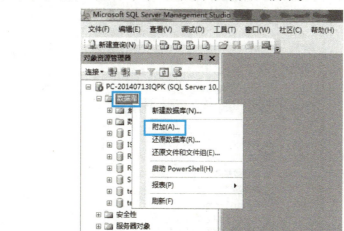

图3-51 附加数据库

23）单击"添加"按钮，出现如图3-52所示的窗口，选择刚才复制到硬盘上的"IntelligentCommunity.mdf"文件进行附加操作。

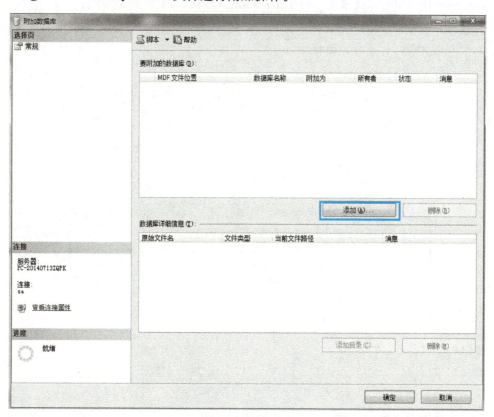

图3-52 添加数据库

24）出现如图3-53所示的窗口表明数据库导入完成。

图3-53　数据库导入完成

25）如果在附加时出现错误，则单击"确定"按钮，如图3-54所示。

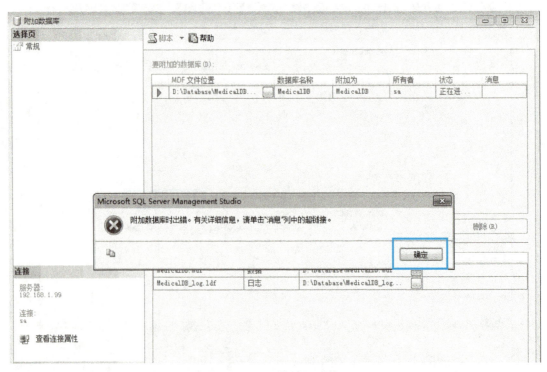

图3-54　附加数据库错误

26）出现错误后单击"删除"按钮，如图3-55所示。

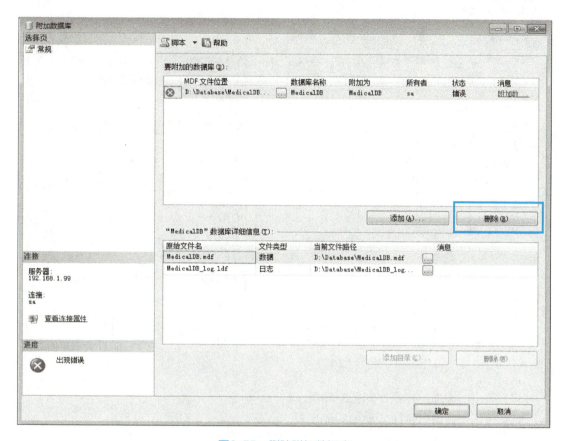

图3-55 删除附加数据库

27)找到Database文件所在的位置,然后在文件上单击鼠标右键,在弹出的快捷菜单中选择"属性"命令,如图3-56所示。

图3-56 Database文件

28)在"Database属性"对话框中选择"安全"选项卡,如图3-57所示。

29)在"安全"选项卡中单击"编辑"按钮,如图3-58所示。

图3-57 "Database属性"对话框　　　图3-58 "安全"选项卡

30）单击"添加"按钮，如图3-59所示。

31）单击"高级"按钮，如图3-60所示。

图3-59 "添加"按钮　　　图3-60 "高级"按钮

32）单击"立即查找"按钮，如图3-61所示。

33）单击完"立即查找"按钮后，可在下面的"搜索结果"里面找到"Everyone"，如图3-62所示。

图3-61 "立即查找"按钮

图3-62 立即查找栏界面

34）双击"Everyone"会跳转到"选择用户或组"对话框，如图3-63所示，然后单击"确定"按钮。

图3-63 搜索"Everyone"

35)找到Everyone,选择"完全控制"和"修改"的"允许"复选框,单击"确定"按钮,Everyone的权限就添加完成,如图3-64所示。

然后重复第4)~6)步的操作,就可以附加完成了。

图3-64 添加"Everyone的权限"

36)设置数据库定时清除数据(由于环境监控的数据量很大,所以需要一天清理一次环境数据)。

37)将服务设置为自动启动,否则在重启服务器后作业就不运行了。

38)启动代理服务的方法:选择"开始"→"运行"命令,在命令窗口中输入"services.msc"命令,找到"SQL Server代理"的服务并双击,"启动类型"选择"自动",单击"确定"按钮打开"SQL Server Management Studio",在"对象资源管理器"列表中选择"SQL Server代理"。在"SQL Server代理"上单击鼠标右键,在弹出的快捷菜单中选择"启动(S)"命令,如果已启动,则可以省略此步骤。展开"SQL Server代理"列表,在"作业"上单击鼠标右键,在弹出的快捷菜单中选择"新建作业"命令。

39)在"常规"选项卡中,输入作业名称。在"步骤"选项卡中,单击"新建"按钮,输入"步骤名称",如"步骤1",类型默认为"T-SQL脚本",也可以选择"SSIS包",在"数据库"一栏选择要作业处理的数据库,在"命令"的右边空白文本框中输入要执行的SQL代码,也可以执行存储过程,如"EXEC Proc_warnMonitor",也可以单击命令下面的"打开"按钮,打开SQL脚本执行语句"DELETE FROM TB_Env_Monitor"(库要选择环境监控的库)。

40)输入运行脚本后,建议单击"分析"按钮,确保脚本语法正确,然后单击下面的"确定"按钮。

41)在"计划"选项卡中,单击"新建"按钮,输入"计划名称",如"计划1",计划类型默认是"重复执行",也可以选择执行一次,在"频率"中的"执行"处选择"每天""每周"或"每月"。以"每天"为例,间隔时间输入间隔几天执行一次,还可以选择每天一次性执行或间隔一定的时间重复执行。在"持续时间"中选择计划开始执行的"起始日期"和"截止日期",然后单击"确定"按钮。

## 知识提炼

### 1. Master数据库

Master数据库记录SQL Server系统的所有系统级别信息(表sysobjects),记录所有的登录账号(表sysusers)和系统配置。Master数据库还记录所有其他的数据库(表sysdatabases),包括数据库文件的位置。另外,它还记录SQL Server的初始化信息,始终指向一个可用的最新Master数据库备份。

### 2. Model数据库

Model数据库是在系统中创建数据库的模板。当系统收到"Create DATABASE"命令时,新创建的数据库的第一部分内容从Model数据库复制过来,剩余部分由空页填充,所以SQL Server数据中必须有Model数据库。

### 3. Msdb数据库

Msdb数据库供SQL Server代理用于计划警报和作业,也可以供其他功能(如Service Broker和数据库邮件)使用。

### 4. Tempdb数据库

Tempdb数据库保存系统运行过程中产生的临时表和存储过程。当然,它还可以满足其他的临时存储要求,比如,保存SQL Server生成的存储表等。Tempdb数据库是一个全局资源,可供连接到SQL Server实例的所有用户使用。Tempdb数据库在每次SQL Server启动的时候,都会清空该数据库中的内容,所以每次启动SQL Server后,该表都是干净的。临时表和存储过程在连接断开后会自动删除,而且当系统关闭后不会有任何活动连接,因此,Tempdb数据库中没有任何内容会从SQL Server的一个会话保存到另外一个会话中。

在默认情况下,SQL Server在运行时Tempdb数据库会根据需要自动增长。不过,与其他数据库不同,每次启动数据库引擎时,它会重置为其初始大小。如果对Tempdb数据库定义的大小较小,则每次重新启动SQL Server时,将Tempdb数据库的大小自动增加到支持工作负荷所需的大小。这一工作可能会成为系统处理负荷的一部分。为避免这种开销,可以使用ALTER DATABASE增加Tempdb数据库的大小。

## 能力拓展

在管理数据库的过程中,有时候需要控制某个用户访问数据库的权限,比如只能看到属于其管理的某几张表,或者拥有CRUD(增加(Create)、读取(Retrieve)(重新得到数据)、更新(Update)和删除(Delete))权限,或者是更小的粒度的划分。总而言之,一切皆是为了系统安全和操作方便。下面就介绍其具体操作。

### 1. 操作步骤

1)进入数据库,选择"安全性"→"登录名"→"新建登录名"命令,如图3-65所示。

图3-65 新建登录名

2)在"常规"选项卡中创建登录名,并设置默认的数据库,如图3-66所示。

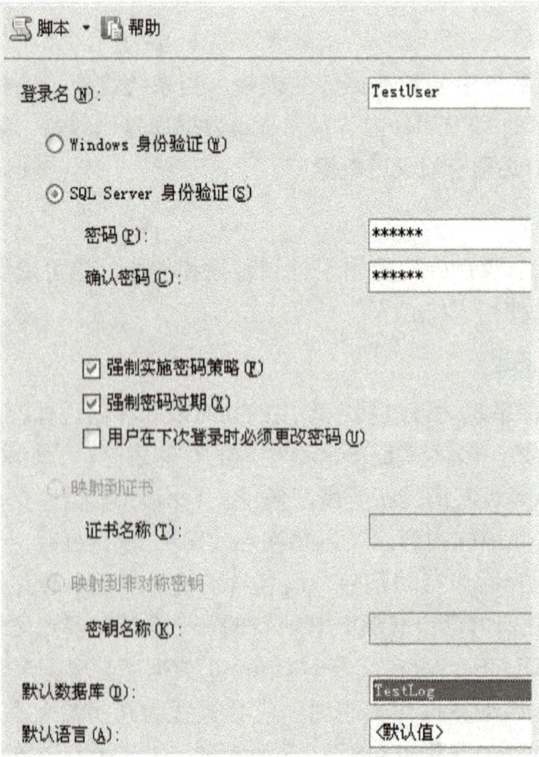

图3-66 设置选项

3）在"用户映射"选项卡中，选择需要设置的数据库，并设置"架构"，单击"确认"按钮，完成创建用户的操作，如图3-67所示。

图3-67　选择对应的数据库

4）对TestLog数据库中的User表进行权限设置，在表上单击鼠标右键，在弹出的快捷菜单中选择"属性"命令，如图3-68所示。

图3-68　选择对应的表

5）在"权限"选项卡中，依次单击"添加""浏览"按钮，并选择匹配的对象，如图3-69所示。

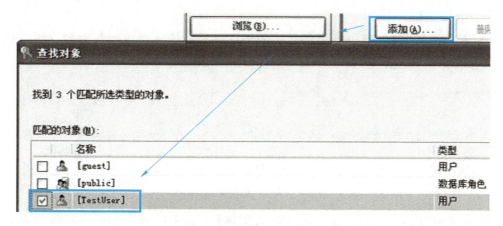

图3-69　设置访问表的用户

6）单击"确认"按钮，可以在列表中找到对应的权限。如果还想细化到列权限，则单击"列权限"按钮可以进行设置。单击"确认"按钮就完成了这些权限的设置，如图3-70所示。

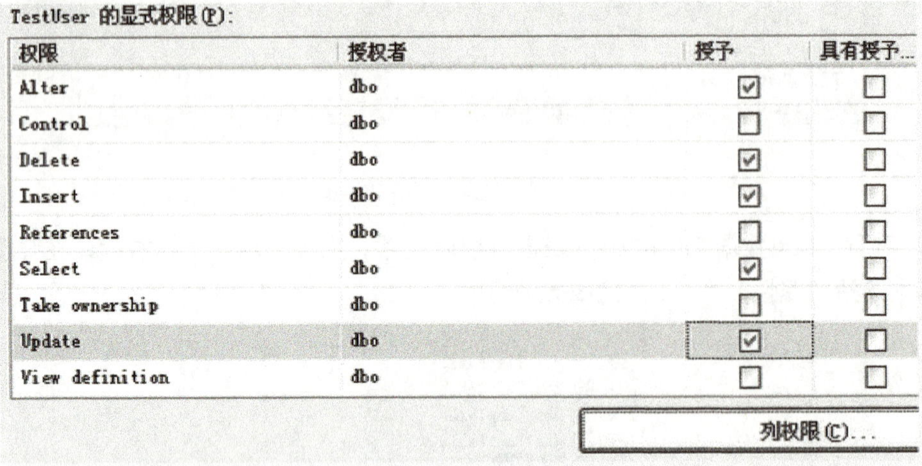

图3-70 权限列表

7）使用TestUser用户登录数据库，登录后如图3-71所示。现在只能看到一个表。

图3-71 数据表

## 2. 注意事项

1）在上面的第3）步中需要注意：如果这里没有选择对应的数据库，则之后在TestLog数据库中是找不到TestUser用户的，如图3-72所示。

图3-72 找不到TestUser用户

2）在上面的第3）步中，设置完TestLog数据后，需要单击"确认"按钮，完成创建用户操作。如果这个时去设置"安全对象"，是无法在"添加"→"特定对象"→"对象类型"→"登录名"→"浏览"中找到新建的TestUser用户的。

3）在数据库级别的"安全性"创建的用户是属于全局的,当设置了某个数据库,比如TestLog之后,这个用户就会出现在这个数据库的"安全性"列表中。如果删除TestLog中的这个用户,会出现如图3-73所示的提示。删除了后,这个用户就无法登录了,需要去对应的数据库中删除用户,如果没有删除就创建,则会报错。

图3-73　删除TestUser用户

4）在第6）步的"显式权限"列表中,如果选择了"Control"选项,那么在"Select"中设置查询"列权限"就没有意义了,查询就不会受限制。如果设置"列权限",则在正常情况下会显示报错信息,如图3-74所示。

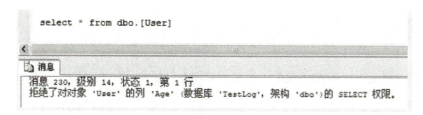

图3-74　报错信息

5）在TestLog数据库的"安全性"→"TestUser"→"属性"→"安全对象"→"添加"→"对象类型"中有更多关于数据库级别的对象类型可以设置,如图3-75所示。

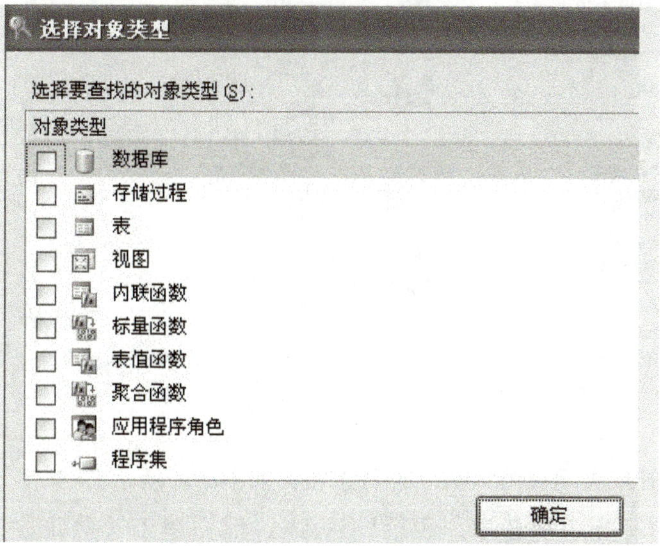

图3-75　其他对象类型

# 任务7　搭建IIS服务器

## 任务描述

智能图书馆需要有自己的网站主页、管理系统、FTP系统等，提供网页浏览、文件传输、新闻服务和邮件发送等方面的工作。这就需要一个能够在网络（包括互联网和局域网）上发布信息的平台。IIS（Internet Information Service，互联网信息服务）是由微软公司提供的基于Microsoft Windows操作系统运行的互联网基础服务，兼容微软的各项Web技术，尤其是ASP.NET。除此之外，IIS还支持CGI。本任务学习完成后，可对IIS有更深刻的理解，可以自己搭建IIS服务平台。

## 任务实施

1）打开控制面板，单击"程序"按钮，如图3-76所示。

扫描二维码观看视频

图3-76　控制面板

2）单击"打开或关闭Windows功能"按钮，如图3-77所示。

3）将圈内的所有选项选中，包括IIS在内，然后单击"确定"按钮，如图3-78所示。

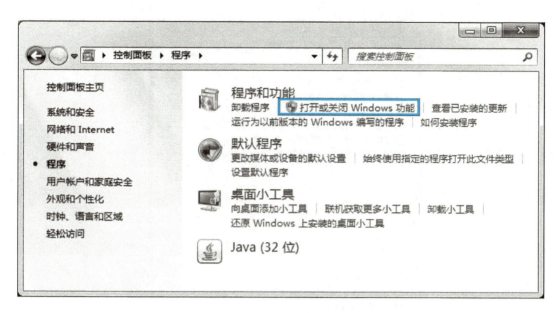

图3-77 打开或关闭Windows功能

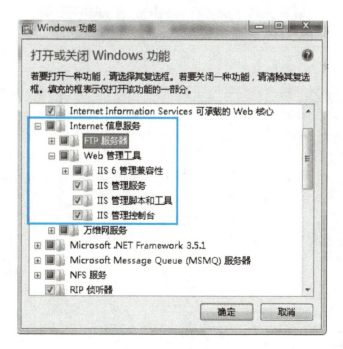

图3-78 打开IIS管理服务

4)单击"开始"按钮搜索IIS,然后单击"Internet信息服务(IIS)管理器"按钮,如图3-79所示。

5)在"Default Web Site"上单击鼠标右键,在弹出的快捷菜单中选择"添加应用程序"命令,如图3-80所示。

图3-79 搜索IIS

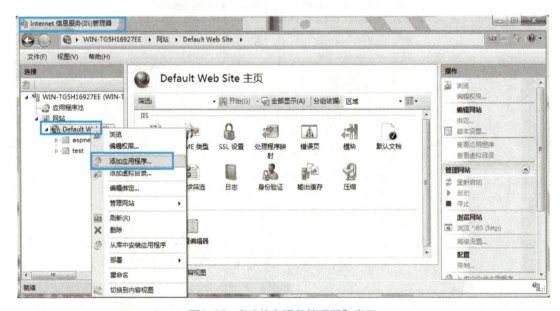

图3-80 "IIS信息服务管理器"窗口

6）将"03_软件安装包\智能环境监控系统\02.服务器\Service(Web)V1.0.0.0-20150106Release.rar"复制到硬盘上D盘或E盘根目录中并解压缩。"网站名称"输入"newland"，"应用程序池"选择"ASP.NET v4.0"，"物理路径"设置为Web文件所在的位置，即Service(Web)文件所在的位置。全部完成，单击"确定"按钮，完成Web服务器的配置，如图3-81所示。

图3-81 "添加网站"对话框

7）打开Web服务所在的Service(Web)V1.0.0.0—20150106Releas文件夹找到Web.config文件，按图3-82所示将里面的内容改为先前配置的数据库的名称和用户密码。其中Catalog是数据库名称，user id是数据库用户名，password是密码。

```
<connectionStrings>
  <add name="IntelligentCommunityDBEntities"
connectionString="metadata=res://*/ICSDBContainer.csdl|
res://*/ICSDBContainer.ssdl|
res://*/ICSDBContainer.msl;provider=System.Data.SqlClient;provider
connection string=&quot;data source=192.168.14.251;initial
catalog=IntelligentCommunityDB;user
id=sa;password=123456;MultipleActiveResultSets=True;App=EntityFramework&quo
t;" providerName="System.Data.EntityClient" />
</connectionStrings>
```

图3-82 修改Web.config

8）至此，服务器端配置完成。

# 能力拓展

IIS的配置为客户端访问数据库提供了服务，方便数据的通信，要识记配置步骤，并能进行相应的修改。如何才能让其对外提供高效服务呢？要做到这一点，下面提供的几则管理技巧，可以让IIS服务器工作更高效。

### 1. 拒绝IIS发生冲突

Windows 2000以上版本的服务器系统，自身已经内置了互联网服务管理器软件。如果同时安装了类似Apache之类的服务器软件，则很容易造成IIS发生冲突，从而出现IIS服务器无法启动或地址被强行占用的错误提示。为了避免这样的现象，首先应该将正在运行的其他服务器软件停止，然后通过彻底卸载的方法将它删除，接着将IIS服务器也停止，然后尝试重新启动IIS服务器。如果服务器能够正常运行，则表明IIS冲突现象已经排除了。如果仍然无法启动或者还出现冲突提示，则不妨将现有的IIS服务器删除（在删除之前一定要做好网站的备份工作），再重新安装并配置IIS服务器，这样就会消除IIS冲突现象了。

### 2. 为IIS启动提速

要想对Web网站进行管理，就需要启动IIS，打开互联网信息服务管理器窗口。如果启动IIS的速度非常缓慢，则要注意。在排除病毒的可能性外，需要检查服务器系统中的"Protected Storage"服务是否已经被禁用或停止，一旦该服务被停止，那么IIS服务器的启动速度就会受到影响。不少网络管理员由于担心服务器的安全，常会将自己用不到的或不熟悉的系统服务停止，"Protected Storage"服务恰恰就容易在不经意间被停用。殊不知，这样一来IIS的启动就受到影响了。为了让IIS服务器的启动速度恢复正常，可以按照下面步骤来启用"Protected Storage"服务。

选择"开始"→"程序"→"管理工具"→"服务"命令，在随后出现的系统服务列表窗口中，选中"Protected Storage"服务项目，并双击该项目。在弹出设置对话框中，能查看到该服务的运行状态。如果该服务已经被停止，则要单击该界面"启动类型"处的下拉按钮，从弹出的下拉列表中选中"自动"选项，然后单击"应用"按钮，这样该窗口的"启动"按钮就能被激活。此时再单击"启动"按钮，这样"Protected Storage"服务就能被重新启动了，最后单击"确定"按钮，并将计算机系统重新启动，以后再次启动IIS服务器时，将会发现IIS的启动速度又恢复正常了。

## 任务8　安装移动端程序

### 任务描述

智能图书馆的环境数据，包括大气温度、湿度、风速、光照度、$CO_2$浓度、空气质量、火灾情况、烟雾浓度、土壤温湿度、液位、报警灯状态、监控视频数据，需要在手机上进行联网实时查看，通过服务器的处理和及时反馈，进而控制图书馆中的各种装置，达到智能化监控的目的。任务完成之后，可以更加明确APK软件如何正确安装与配置。

## 任务实施

1）找到资料中的"03_软件安装包\智能环境监控系统\03.移动互联终端APK软件",安装文件,如图3-83所示。

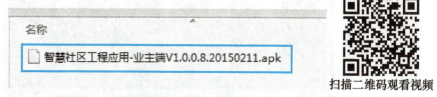

扫描二维码观看视频

图3-83　智能环境监控系统移动端程序

2）双击智能环境监控系统文件后,出现如图3-84所示的界面。

图3-84　智能环境监控系统移动端程序安装界面

3）单击"安装"按钮,在移动互联终端上将出现"智慧社区"图标,如图3-85所示。

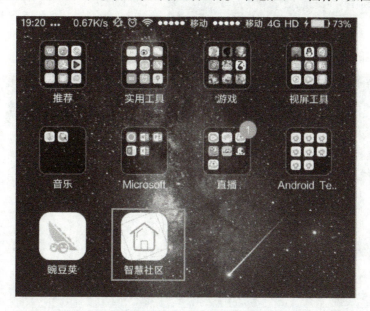

图3-85　智能环境监控系统移动端程序安装成功

4）在移动互联终端上找到"设置"图标,如图3-86所示。

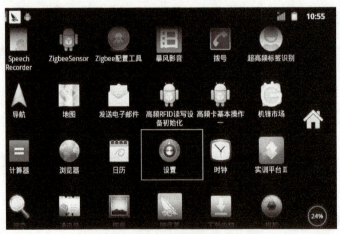

图3-86 "设置"图标

5)设置无线网络,先选中"Wi-Fi"复选框,再单击"Wi-Fi设置"按钮,选择"EDUTLD",弹出密码设置对话框,输入密码"0123456789",至此将平板式计算机同前面配置的其他设备接入同一网段,如图3-87所示。

图3-87 设置无线网络

6)移动端的程序配置完毕,如图3-88所示。

图3-88 智慧社区移动端主界面

## 能力拓展

智慧社区手机APP涉及安卓程序开发，需要用到Eclipse软件。Eclipse是一个开放源代码的、基于Java的可扩展开发平台。Eclipse是Java的集成开发环境（IDE），它也可以作为其他开发语言的集成开发环境，如C、C++、PHP和Ruby等。Eclipse附带了一个标准的插件集，包括Java开发工具（Java Development Kit，JDK）。其图标如图3-89所示。

图3-89 Eclipse图标

Eclipse最新版本为Eclipse Neon，它首次鼓励用户使用Eclipse Installer来安装。这是一种由Eclipse Oomph提供的新技术，它通过提供一个很小的安装器来使得各种工具可以按需下载和安装。

Eclipse是基于Java的可扩展开发平台，所以安装Eclipse前需要确保计算机中已安装JDK。若打开Eclipse的时候发现如图3-90所示的对话框，则说明计算机中未安装JDK环境。

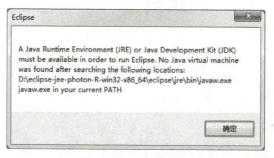

图3-90 JDK未安装信息提示

Eclipse的安装步骤如下。

1）访问下载页面，如图3-91所示。下载地址为https://www.eclipse.org/downloads/。

图3-91 JDK下载页面

2）选择国内镜像，如图3-92所示。

3）选择安装包。下载完成后解压缩安装包，可以看到Eclipse Installer安装器，双击弹出安装页面，可以选择不同编程语言的开发环境（包括Java、C/C++、Java EE、PHP等），如图3-93所示。

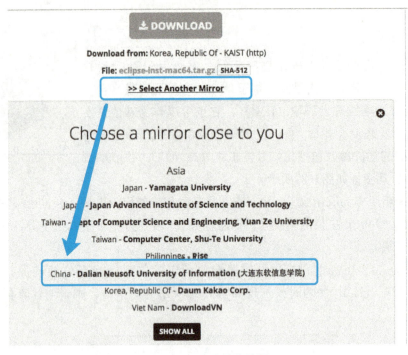

图3-92　国内镜像选择

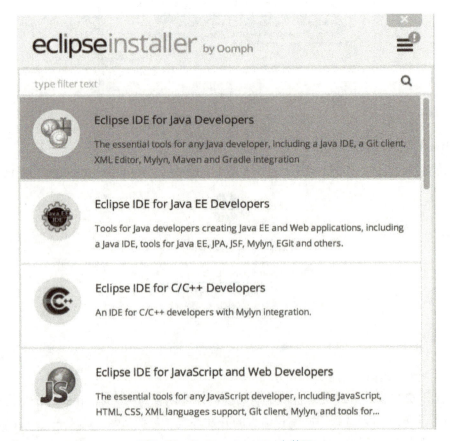

图3-93　Eclipse Installer安装器

4）选择安装目录，如图3-94所示。

图3-94　IDE的安装目录

5）等待安装完成。选定安装目录后，单击"INSTALL"按钮即可，接下来等待安装完成就可以使用了，如图3-95所示。

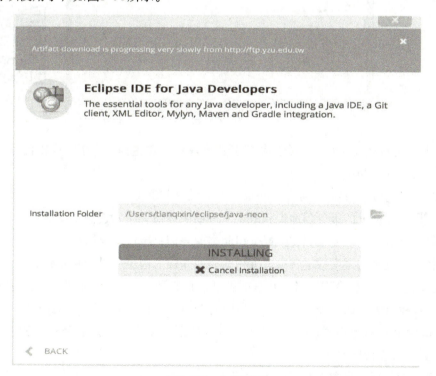

图3-95　安装界面

# 任务9 开发温湿度数据获取程序

## 任务描述

智能空气环境监控系统中,上位机系统软件是由C#语言编写的,系统界面美观,后台程序功能强大。作为环境因素中重要的一环,温度、湿度是必须要检测的。任务完成后,能够对C#界面控件更加熟悉,并能修改相应代码,实现相应的功能。

## 任务实施

### 1. 界面布局

创建WPF工程后新建一个布局,程序界面如图3-96所示。

扫描二维码下载资料

图3-96 程序界面

按图3-79完成布局文件,将布局绑定到主程序中,在主程序中填写逻辑代码。

背景色:#E3F901。

实现单击"获取"按钮后显示double类型的温度与湿度。

1)调用主介面上的服务器地址获取十六进制温度值、十六进制湿度值。

2)将十六进制的温度数据转换成double类型并加上单位后显示在界面上。

3)将十六进制的湿度数据转换成double类型并加上单位后显示在界面上。

温度值、湿度值已由程序自动获取提供(已封装到Common.dll了),读者可直接调用,类名为ServiceData,分别为String类型的ServiceData.HexHumidity和ServiceData.HexTemperature两个变量即为实时的十六进制数据。需将String类型HEX字符串转换为double类型后再进行显示。

4)最后的运行结果如图3-97所示。

图3-97　程序运行结果图

> **补充说明**
>
> Common.dll中提供了ServiceData类，其作用是为了获取服务器相应的数据要用到的变量和方法。在调用获取ServiceData.HexHumidity、ServiceData.HexTemperature前，需先调用ServiceData.GetEnvironmental(stringserviceUrl)方法。ConvertHelper类的作用是转换相应的数据，如十六进制数据转成字节数据、字节数据转成十六进制数据、double类型转成字节数组、字节数组转成double类型。ServiceData.HexHumidity可获取湿度，ServiceData.HexTemperature可获取温度，它们的格式为十六进制字符串，内容格式为"FF+数据+FF"。如要取得最终的double类型值，需先提取出"数据"后，将"数据"作为参数调用ConvertHelper.HexToBytes()得到字节数组，再将字节数组作为参数调用方法ConvertHelper.BytesToDouble()后得到double类型值。程序运行需包含基本类库Newtonsoft.Json.dll，把Newtonsoft.Json.dll复制到程序运行的Bin\Debug目录下，并在程序中引用Common.dll即可。

2. 范例程序

```csharp
using Common；
using System.Linq；
using System.Windows；
using System.Threading.Tasks；

namespace WpfApplication1
{
    ///<summary>
    ///MainWindow.xaml的交互逻辑
    ///</summary>
    public partial class MainWindow：Window
    {

        public MainWindow()
        {
            InitializeComponent();
        }
```

```csharp
private void buttonGet_Click (object sender, RoutedEventArgs e)
{
    ServiceData.GetEnvironmental (textServerUrl.Text);
    textTemp.Text=ConvertHelper.BytesToDouble (ConvertHelper.HexToBytes (
        ServiceData.HexTemperature.Substring (2, ServiceData.HexTemperature.Length-4)
        )).ToString()+"℃";
    textHumi.Text=ConvertHelper.BytesToDouble (ConvertHelper.HexToBytes (
        ServiceData.HexHumidity.Substring (2, ServiceData.HexHumidity.Length-4)
        )).ToString()+"%RH";
}
```

## 项 目 评 价

通过该项目的学习,学生能够更加直观地认识什么是智能空气环境监测、智能空气环境监测的工作原理、具体应用;能够使用烟雾、火焰、温度、$CO_2$、大气压力等传感器、移动互联终端等工具搭建智能环境,并部署相关数据库软件、搭建IIS服务器,进行网络设置等,实现对整个智能环境的各种数据监测和控制功能。

### 1. 考核评价表

| 内　容 | 目　标 | 标　准 | 方　式 | 权　重 | 自　评 | 评　价 |
|---|---|---|---|---|---|---|
| 出勤与安全情况 | 让学生养成良好的工作习惯 | 100 | 以100基础,按这6项的权值给分,其中"任务完成及项目展示汇报情况"具体评价见"任务完成度"评价表 | 10% | | |
| 学习、工作表现 | 学生参与工作的态度与能力 | | | 15% | | |
| 回答问题的表现 | 学生掌握知识与技能的程度 | | | 15% | | |
| 团队合作情况 | 小组团队合作情况 | | | 10% | | |
| 任务完成及项目展示汇报情况 | 小组任务完成及汇报情况 | | | 40% | | |
| 拓展能力情况 | 拓展能力提升状态,任务完成情况 | | | 10% | | |
| 创造性学习(附加分) | 考核学生创新意识 | 10 | 教师以10分为上限,奖励工作中有突出表现和特色做法的学生 | 加分项 | | |
| 学习成绩=出勤情况×20%+学习及工作表现×20%+知识及技能掌握×20%+团队合作情况×10%+任务完成情况×30%+创造性学习 | | | | | | |

总评成绩为各学习情境的平均成绩,或以其中某一学习情境作为考核成绩。

## 2. 任务完成度评价表

| 任　　务 | 要　　求 | 权　重 | 分　值 |
|---|---|---|---|
| 智能空气环境监测的硬件连接 | 掌握移动互联终端实验箱、烟雾、火焰，$CO_2$、湿度和温度、人体红外、水温、水位、大气压力、空气质量、风速传感器、串口服务器、路由器的安装与连接 | 30 | |
| 掌握智能空气环境监测涉及软件的安装 | 掌握串口服务器驱动程序、SQL Server 2008安装软件、IIS服务器搭建、.Net Framework 4.5安装包、豌豆荚同步软件、新版智慧社区V1.0.apk的安装过程和使用方法 | 30 | |
| 智能空气环境监测应用场景演示 | 掌握大气环境数据的检测，判断系统工作是否正常 | 30 | |
| 总结与汇报 | 呈现项目实施效果，做项目总结汇报 | 10 | |

## 3. 项目总结

项目学习情况：

心得与反思：

# 项目 4 PROJECT 4

## 智能家居综合实训

### 项目概述

智能家居系统主要包括：门禁系统，视频监控系统，家电控制系统（DVD播放器、空调、电视机），环境监测系统，电动窗帘系统，灯光控制系统，烟雾探测系统，安防系统等。各个系统的连接如图4-1所示。本项目主要针对各个电器系统的连接进行讲解，同时讲解连接图的绘制，主要分析门禁系统、射灯、空调、报警灯系统的安装。

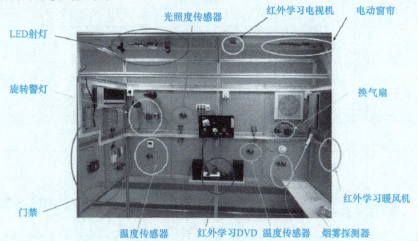

图4-1 智能家居设备安装图

某企业集团是一家从事高科技产品研发、生产和销售的大型企业，鉴于物联网技术的飞速发展，应用越来越丰富，公司决定进军民用市场空间巨大的智能家居行业。经过几年的研发，公司已有一批较成熟的产品，产品功能如下：

- 智能安防系统

通过各种传感器的设置，如红外对射、人体感应等，将门禁、报警灯、蜂鸣器、摄像机等设备进行连接。同时根据不同用户的要求，可自定义选择传感器与设备进行联动，以及自定义进行设防与撤防。

- 智能照明系统

可根据不同的场景要求设置灯光的变化，可自动切换灯的开与关，灯光的亮暗。比如，离家模式、回家模式、休息模式。离家模式即可与传感器相连接，人离开灯关闭；回家模式即人回家，灯光自动亮起；休息模式即灯光变暗。
- 智能窗帘

现代家庭对光照度、PM2.5等环境指标越来越关注。智能窗帘系统根据当前的环境，实现窗帘的开与关。特别是空气质量较差时，可实现窗帘自动开与关。在人们离家的情况下，也可实现当光照度较大的时候窗帘关闭，反之窗帘开启。

- 智慧遥控

在普通家庭中，遥控器的品种繁多，例如，电视机遥控器、DVD遥控器等。将所有遥控器集中于一个终端控制系统，可实现一个终端控制多种设备。

## 智能家居软件和硬件介绍

（1）硬件设备（见表4-1）

表4-1 硬件设备

| 序 号 | 产 品 名 称 | 单 位 | 个 数 |
|---|---|---|---|
| 1 | 红外转发器 | 个 | 1 |
| 2 | 人体红外探测器 | 个 | 1 |
| 3 | 气压监测器 | 台 | 1 |
| 4 | 温湿度监测器 | 个 | 1 |
| 5 | 光照度监测器 | 个 | 1 |
| 6 | 烟雾探测器 | 个 | 1 |
| 7 | 燃气探测器 | 个 | 1 |
| 8 | PM2.5监测器 | 个 | 1 |
| 9 | 报警灯 | 个 | 1 |
| 10 | 电动窗帘 | 个 | 1 |
| 11 | LED射灯 | 个 | 1 |
| 12 | 换气扇 | 个 | 1 |
| 13 | 二氧化碳监测器 | 个 | 1 |
| 14 | 门禁系统 | 个 | 1 |

（2）软件设备（见表4-2）

表4-2 软件设备

| 序 号 | 软件名称 | 版 本 号 |
|---|---|---|
| 1 | Windows操作系统 | 7 |
| 2 | Qt | 10.0 |
| 3 | SQLite | 1.2 |
| 4 | Ubuntu | 10.01 |
| 5 | Android运行环境 | 2.2以上 |

### 学习目标

1. 智能家居硬件设备的安装与连接

   掌握门禁系统、射灯系统、换气扇系统、报警灯系统、窗帘系统的安装与连接。掌握门禁控制、射灯控制、换气扇控制、窗帘控制拓扑图的绘制。

2. 智能家居硬件所涉及软件的设置

   掌握A8控制器的设置、协调器与节点板的设置。

3. 智能家居设备编程

   掌握射灯控制、窗帘控制、风扇控制、蜂鸣器控制等编程技能。

# 任务1　安装门禁系统

## 任务描述

门禁系统主要由电插锁，手动开关，四路继电器，刷卡门禁，节点板5V供电，门铃，5V、12V接电排，变压器电源控制器8个部分组成。门禁系统样板连接图如图4-2所示。

图4-2　门禁系统样板连接图

请根据门禁系统接线图（见图4-3）和门禁系统样板连接图，完成电源线连接、控制信号线连接，并绘制拓扑图，具体要求如下。

1）单击手动开关系统，能够控制电插锁开与关。

2）能够利用刷卡门禁系统，完成对电插锁的开与关；同时刷卡门禁系统也支持密码控制刷卡门禁系统。

3）本套门禁系统支持门铃。

4）根据四路继电器和节点板完成门禁设备的连接后，要求门禁系统控制信号线接节点型继电器P2接线端子，最终完成使用计算机或A8进行控制。

5）根据门禁系统接线图，使用Visio软件绘制门禁设备连线图。

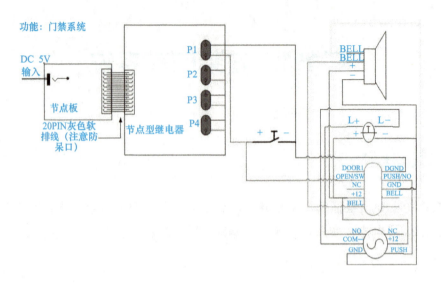

图4-3 门禁系统接线图

## 任务实施

### 1. 门禁各个部分的线路连接

1)电插锁的组装与线路连接:①将"L+"口连接变压器的"COM+"。②将"L-"口连接变压器的"COM-"。③将"-"口连接变压器的"-12V"。④将"+"口连接变压器的"+12V"。

2)手动开关的安装与线路连接:①将"-"口连接继电器负极和刷卡门禁的"DGND"。②将"+"口连接继电器正极和刷卡门禁的"OPEN/SW"。

3)刷卡门禁的安装与线路连接:①将"PUSH/NO"口连接变压器的"PUSH"②将"GND"口连接变压器的"-12V"。③将"+12V"口连接变压器的"+12V"④将"BELL"口连接变压器的"BELL"。⑤"DGND"口连接继电器负极和手动开关的"-"。⑥将"OPEN/SW"口连接继电器正极和手动开关的"+"。

### 2. 门禁卡的设置

1)删除有效卡的卡号。按数字<5>键,输入4位数的卡号,直到听到"嘟嘟"两声,表示删除成功,按<*>键结束操作。

2)添加卡号。按数字<7>键,输入4位数的卡号,直到听到"嘟嘟"两短声,结束加卡。

### 3. 设置密码开电子锁

输入正确的通用密码:绿灯亮,黄灯灭,开门;用户应连续输入4位通用密码,输入密码时每次按键时间间隔应小于2s。超过2s没有密码键输入,则蜂鸣器发出"嘟"的一个长声,系统自动退出本次密码输入。

4. 四路节点板设置（略）

5. 拓扑图绘制

1）先将所需控件（5V DC线、节点板、20PIN灰色软排线、电压型继电器、门禁出门开关、门铃、电插锁、刷卡门禁一体机、变压器）拖入画图区域，如图4-4所示。

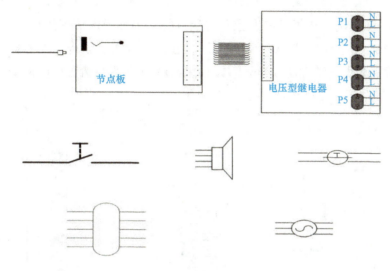

图4-4 门禁控件图

2）将控件DC 5V线连接至节点板左侧，再用20PIN灰色软排线将节点板和电压型继电器连接在一起，随后摆放门禁出门开关、门铃、电插锁、变压器、刷卡门禁一体机。先将门禁出门开关放置在电压型继电器的右侧，再将门铃、电插锁、变压器、刷卡门禁一体机按顺序从上往下排序，最后以一个整体放置在门禁出门开关的右侧，如图4-5所示。

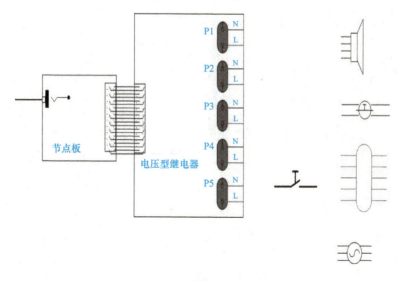

图4-5 节点板接线图

> **知识链接：什么是电插锁**
>
> 电插锁是一种电子控制锁具，通过电流的通断驱动"锁舌"的伸出或缩回以达到锁门或开门的功能。当然，关门开门功能需要与"磁片"配合才能实现。电插锁分为两种，通电开锁和断电开锁，前者通电时的状态是锁舌在里面即开门状态，后者反之。

3）输入注释文字，在框架的左上角用醒目的文字标示出该图的功能，在控件DC 5V线的上方输入文字注释"DC 5V输入"，在20PIN灰色软排线下方输入文字注释"20PIN灰色软排线（注意防呆口）"，如果注释位置不明确则可以用箭头指示，如图4-6所示。

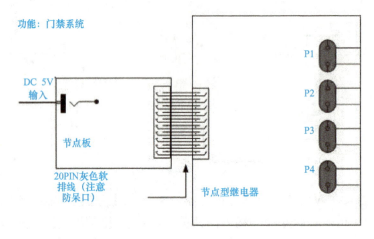

图4-6 输入文字

4）标示控件门禁出门开关、门铃、电插锁、变压器、刷卡门禁一体机的接口名称，如图4-7所示。

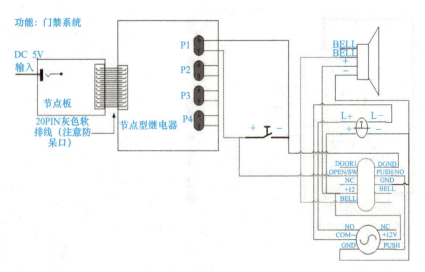

图4-7 门禁连线效果图

5）连接线路，用Visio中的画图工具，按照现实情况将接口连接起来，要保证线的颜色可以分辨功能。

## 知识提炼

### 刷卡门禁编程的注意事项

1）如果20s之内，没有任何编程指令，则系统自动退出编程，进入正常工作状态。

2）设置参数成功，"嘟嘟"两声响。

3）设置参数不成功，"嘟嘟嘟"三声响。

4）某条设置指令没有完成（即控制器已经发出设置成功的"嘟嘟"两声，或者设置不成功的"嘟嘟嘟"三声）之前，如果发现输入指令，按<*>键，控制器发出"嘟"的一个长声，即可撤消该项指令的设置。

## 能力拓展

### 1. 门禁常见问题及解决方法（见表4-3）

表4-3 门禁常见问题及解决方法

| 问 题 | 可能原因 | 处理方法 |
|---|---|---|
| 有效卡读卡不开锁 | 设置了"开锁时检测门磁状态"，但门没有闭合或者没有安装门磁设备 | 关门或者关闭"开锁时检测门磁状态" |
| 有效卡读卡不锁，5s后控制器发出"嘟"的一个长声 | 设置了"卡加密码"开门方式，读卡后卡没有输入通用密码 | 读卡+密码 |
| 忘记编程密码，恢复出厂编程密码 | 将控制器拆下，其背面防拆按钮上方的安装固定孔内，有2个焊孔，使用金属镊子将2个焊孔短接一下，控制器"嘟"的一声响后，"嘟嘟"两声响，恢复出厂编程密码990101 | |

### 2. 安装时的注意事项

（1）安装时应注意

1）安装现场距本机50cm以内，不得有100～150kHz的频率源。

2）两台一体机之间，或一体机与其他125kHz频率的读卡器之间的安装距离应≥50cm。

3）当用户设置"开锁时检测门磁状态"时，控制器在开锁时检测门磁开闭状态，当门磁分离时，控制器认为门已经被打开，此时，除按下消防开门钮以外，使用其他开门方式，控制器不再发出开锁指令。

（2）安装接线注意事项

1）在安装接线时请务必切断12V DC电源，严禁带电接线。

2）控制器安装底板时，请用户完成所有功能测试无误后进行固定。

## 任务2　安装射灯

### 任务描述

射灯系统主要由LED灯、四路继电器、节点板3个部分组成。射灯系统样板连接图如图4-8所示。

1）请根据射灯系统接线图（见图4-9）和射灯系统样板连接图，完成电源线连接、控制信号线连接，LED射灯控制信号线分别接电压型继电器P1/P2接线端子。

2）根据射灯系统接线图，使用Visio软件绘制射灯设备连线图。

图4-8　射灯系统样板连接图

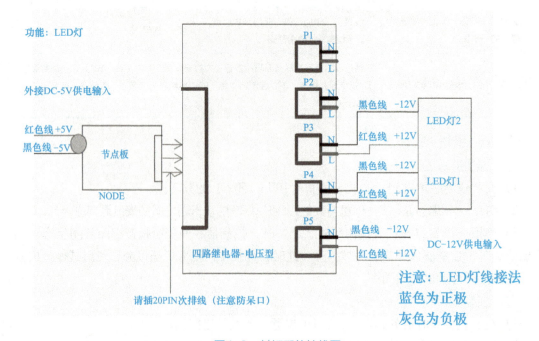

图4-9　射灯系统接线图

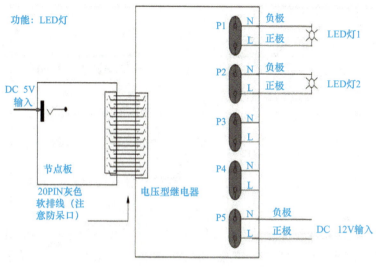

图4-10 射灯拓扑图

## 任务实施

1）在LED灯附近的区域安上塑料卡扣，安装布局要按照节点板的插孔位置进行。

2）在塑料卡扣上安装螺钉，不必全部安进去，可以留出2/3节。

3）将节点板和继电器用20PIN灰色软排线连接起来，然后挂在螺钉上。由于板子是悬挂在空中的，所以在板子挂上去之后还需要拧紧螺钉，防止掉落，如图4-11所示。

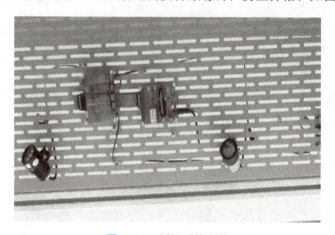

图4-11 射灯系统安装

4）用一字螺钉旋具将对应的线接入节电器的接口。

5）用DC 5V线给节点板接上5V电源。

6）用扎线带以及绕线管让线保持整洁，最终结果必须是横平竖直。

7）拓扑图绘制。

① 先将所需控件（见图4-12）（5V DC线、节点板、20PIN灰色软排线、电压型继

电器门铃、LED灯）导入画图区域。

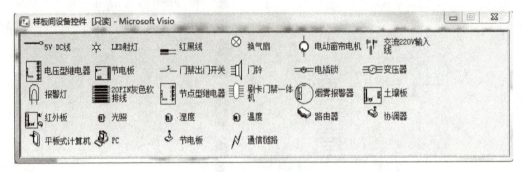

图4-12　导入控件模板

② 将拖入的控件按顺序排好，节点板和继电器使用20PIN灰色软排线连接，在继电器右侧用红黑线将LED灯和继电器连接起来，并在LED灯旁边插入文字，注释设备。

③ 将红黑线的正负极标注出来。

## 知识提炼

### 传感器类型

传感器有许多分类方法，下面一起来看一看传感器的类型有哪些？按工作原理传感器的类型可划分为：

（1）光电式传感器

光电式传感器在非电量电测及自动控制技术中占有重要的地位。它是利用光电器件的光电效应和光学原理制成的，主要用于光强、光通量、位移、浓度等参数的测量。

（2）电势型传感器

电势型传感器是利用热电效应、光电效应、霍尔效应等原理制成的，主要用于温度、磁通量、电流、速度、光强、热辐射等参数的测量。

（3）电荷传感器

电荷传感器是利用压电效应原理制成的，主要用于力及加速度的测量。

（4）半导体传感器

半导体传感器是利用半导体的压阻效应、内光电效应、磁电效应、半导体与气体接触产生物质变化等原理制成的，主要用于温度、湿度、压力、加速度、磁场和有害气体的测量。

（5）电学式传感器

电学式传感器是非电量电测技术中应用范围较广的一种传感器，常用的有电阻式传感器、电容式传感器、电感式传感器、磁电式传感器及电涡流式传感器等。电阻式传感器是利用变阻器将被测非电量转换为电阻信号的原理而制成的。电阻式传感器一般有电位器式、触点变阻式、电阻应变片式及压阻式传感器等。电阻式传感器主要用于位移、力、应变、力矩、气流流速、液位和液体流量等参数的测量。

## 能力拓展

### 1. 常见问题
1）继电器亮而射灯不亮。
2）无法控制节点板。

### 2. 解决方法
1）排查继电器、节点板、红外接收器的电源是否已打开。
2）排查节点板的地址是否已配对（通过计算机软件配置），方法：先观察节点板网络灯是否亮（不亮代表地址没配对）。
3）A8上的控制不好用。解决方法：服务器上没有配置相关参数。
4）5V电源是否接通，节点板要外接5V电源线。电压型继电器也要外接5V电源线。
5）接好的线是否有松动，可利用万用表去检测。接线原则：一般暖（浅）色为正极，冷（深）色为负极，比如红为正极，黑为负极。射灯接线：棕为正线，蓝为负极。电路板上L代表正极，N代表负极。

# 任务3　连接换气扇系统

## 任务描述

换气扇系统主要由换气扇、节点板、五路继电器3个部分组成。换气扇系统样板连接如图4-13所示。

图4-13　换气扇系统样板连接图

1）请根据换气扇系统接线图（见图4-14）和换气扇系统样板连接图，完成电源线连接、控制信号线连接，换气扇控制信号线接电压型继电器P1接线端子。

2）根据换气扇系统拓扑图（见图4-15），使用Visio软件绘制换气扇设备连线图。

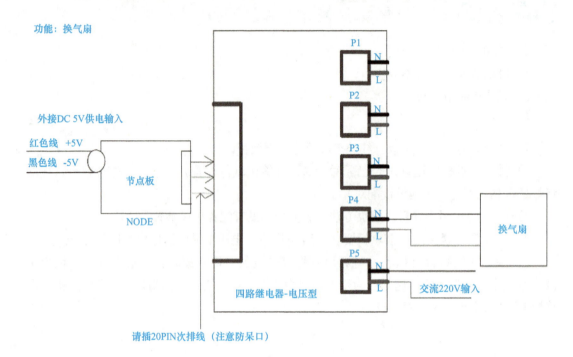

图4-14　换气扇系统接线图

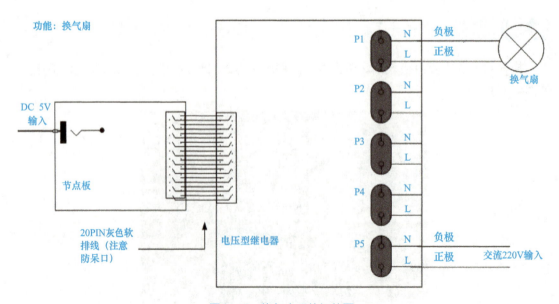

图4-15　换气扇系统拓扑图

## 项目4 智能家居综合实训

### 任务实施

1）在换气扇附近的区域安上塑料卡扣，安装布局要按照节点板的插孔位置进行。
2）在塑料卡扣上安装螺钉，不必全部安进去，可以留出2/3部分。
3）将节点板和继电器用20PIN灰色软排线连接起来，然后挂在螺钉上，如图4-16所示。

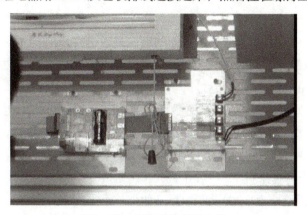

图4-16 换气扇节点板安装

4）用一字螺钉旋具将对应的线接入节电器的接口。
5）用DC 5V线给节点板接上5V电源。
6）用扎线带以及绕线管让线保持整洁，最终结果必须是横平竖直。
7）绘制拓扑图。

① 先将所需控件（见图4-12）（5V DC线、节点板、20PIN灰色软排线、电压型继电器门铃、换气扇）导入画图区域。

② 将拖入的控件按顺序排好，节点板和继电器使用20PIN灰色软排线连接，在继电器右侧用红黑线将换气扇和继电器连接起来，并在LED灯旁边插入文字，注释设备。

③ 将红黑线的正负极标注出来。

### 知识提炼

#### 1. DS18B20温度传感器介绍

DS18B20是美国DALLAS公司推出的数字温度传感器，将温度传感器、数字转换电路集成到了一起，外形如同一只晶体管。DS18B20的测温范围为-55~125℃，12位温度读数，分辨率为1/16℃，温度转换时间最多为750ms。这也是多个DS18B20可以采用一条数据线进行通信的原因，只要单片机用匹配命令即可访问总线上指定的DS18B20。

#### 2. DS18B20的配置寄存器

低5位是TM（测试模式位），用于设置DS18B20在工作模式还是在测试模式，在DS18B20出厂时该位被设置为0，用户不要去改动。R1和R0用来设置分辨率。

## 能力拓展

### 1. 常见问题

1）换气扇不转。
2）节点板无法收到信号。

### 2. 解决方法

1）排查继电器、节点板、红外接收器的电源是否已打开。
2）排查节点板的地址是否配对（使用计算机软件进行配置）。方法：先观察节点板网络灯是否亮（不亮代表地址没配对）。
3）线路问题：断电检查。5V电源是否接通，节点板要外接5V电源线。电压型继电器也要外接5V电源线。接好的线是否有松动，可利用万用表去检测。接线原则：一般暖（浅）色为正极，冷（深）色为负极，比如红色为正极，黑色为负极。换气扇接线：棕色为正极，蓝色为负极。电路板上L代表正极，N代表负极。
4）可能是排风扇的拉索开关没有拉到开的档位上。

# 任务4  安装报警灯系统

## 任务描述

报警灯系统主要由报警器、五路继电器、节点板3个部分组成。报警灯系统样板连接图如图4-17所示。

1）请根据报警灯系统接线图（见图4-18）和报警灯系统样板连接图，完成电源线连接、控制信号线连接，报警灯控制信号线接电压型继电器P1接线端子。
2）根据报警灯系统拓扑图（见图4-19），使用Visio软件绘制报警灯设备连线图。

图4-17  报警灯系统样板连接图

项目4 智能家居综合实训

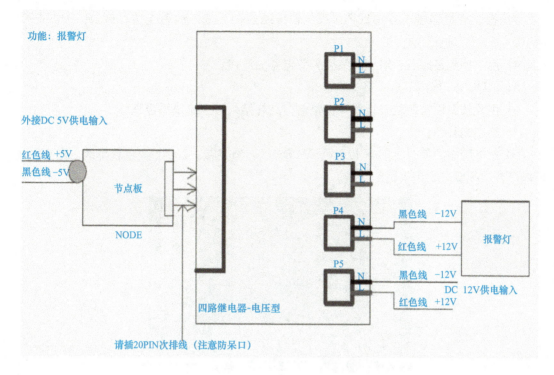

图4-18 报警灯系统接线图

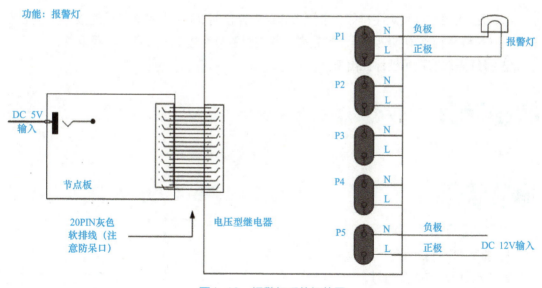

图4-19 报警灯系统拓扑图

## 任务实施

1）在报警灯附近的区域安上塑料卡扣，安装布局要按照节点板的插孔位置进行。

2）在塑料卡扣上安装螺钉，不必全部安进去，可以留出2/3部分。

3）将节点板和继电器用20PIN灰色软排线连接起来，然后挂在螺钉上，如图4-20所示。

4）用一字螺钉旋具将对应的线接入节电器的接口。

5）用DC 5V线给节点板接上5V电源。

6）用扎线带以及绕线管让线保持整洁，最终结果必须是横平竖直。

7）绘制拓扑图。

① 先将所需控件（见图4-12）（5V DC线、节点板、20PIN灰色软排线、电压型继电器门铃、报警灯）拖入画图区域。

图4-20　报警灯与节点板安装图

② 将拖入的控件按顺序排好，节点板和继电器使用20PIN灰色软排线连接，在继电器右侧用红黑线将换气扇和继电器连接起来，并在报警灯旁边插入文字，注释设备。

③ 将红黑线的正负极标注出来。

## 知识提炼

无

## 能力拓展

### 1. 常见问题

1）报警灯不转。

2）节点板没有收到信号。

### 2. 解决方法

1）排查继电器、节点板、红外接收器的电源是否已打开。

2）排查节点板的地址是否已配对。

3）5V电源是否接通，节点板要外接5V电源线。电压型继电器也要外接5V电源线。

4）接线原则：一般暖（浅）色为正极，冷（深）色为负极，比如红色为正极，黑色为负极。报警灯接线：棕色为正极，蓝色为负极。电路板上L代表正极，N代表负极。

# 任务5　安装窗帘系统

## 任务描述

窗帘系统主要由马达控制区、电话线、导轨、窗帘、四路继电器、节点板6个部分组成。窗帘系统样板连接图如图4-21所示。

扫描二维码观看视频

图4-21　窗帘系统样板连接图

1）根据窗帘系统接线图（见图4-22）和窗帘系统样板连接图，完成电源线连接、控制信号线连接，电动窗帘控制信号线分别接节点型继电器；窗帘关闭控制信号线接节点型继电器P1接线端子；窗帘开启控制信号线接节点型继电器P2接线端子；窗帘停止控制信号线接节点型继电器P3接线端子。

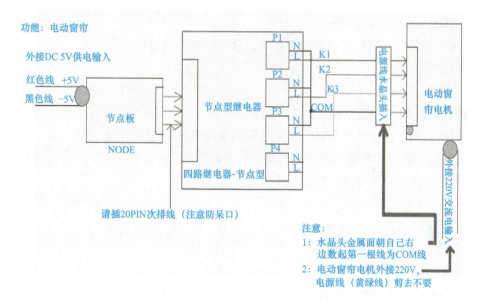

图4-22　窗帘系统接线图

2）根据窗帘系统拓扑图（见图4-23），使用Visio软件绘制窗帘设备连线图。

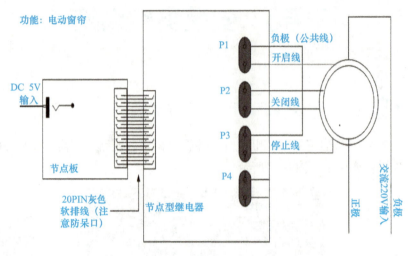

图4-23　窗帘系统拓扑图

## 任务实施

1）在窗帘导轨附近的区域安上塑料卡扣，安装布局要按照节点板的插孔位置进行。

2）在塑料卡扣上安装螺钉，不必全部安进去，可以留出2/3部分。

3）将节点板和继电器用20PIN灰色软排线连接起来，然后挂在螺钉上，由于板子是悬挂在空中的，所以在板子挂上去之后还需要拧紧螺钉，防止掉落。

4）窗帘步进电机有4根线，1根公共线，3根状态线，分别用一字螺钉旋具拧进继电器的接口中。

5）用DC 5V线给节点板接上5V电源。

6）用扎线带以及绕线管让线保持整洁，最终结果必须是横平竖直。

7）绘制拓扑图。

① 先将所需控件（见图4-12）（5V DC线、节点板、20PIN灰色软排线、电压型继电器门铃、电动窗帘）拖入画图区域。

② 将拖入的控件按顺序排好，节点板和继电器使用20PIN灰色软排线连接，在继电器右侧用红黑线将换气扇和继电器连接起来，并在电动窗帘旁边插入文字，注释设备。

③ 将红黑线的正负极及功能线标注出来。

## 知识提炼

### 1. 电动窗帘系统

对窗帘进行智能控制和管理，可以用遥控、定时等多种智能控制方式实现对窗帘的开关、停止等控制，还可以实现一键式场景效果。甚至可以设置和安装背景音乐专用音箱，让每个房间都能听到美妙的音乐。

## 2. 控制模式

### （1）手动控制
保留所有窗帘系统手动开关，不会因为局部智能设备的故障，导致不能实现控制。

### （2）智能无线遥控
使用一个遥控器可对所有的窗帘设备进行智能遥控和一键式场景控制，实现全宅窗帘开关操作。

### （3）一键情景控制
一键实现各种情景灯光及窗帘组合效果，可以用遥控器、智能开关、计算机等实现多种模式。

### （4）手机远程控制
可以实现用手机远程控制整个窗帘系统以及实现安防系统的自动电话报警功能，无论用户在哪里，只要一部手机就可以随时实现对窗帘的远程控制。

### （5）Internet远程监控
通过互联网实现远程监控、操作、维护以及系统备份与系统还原，通过用户授权，可以实现远程售后服务。无论在世界各地，只要通过Internet都可以随时了解家里窗帘的开关状态。

### （6）事件定时控制
可以个性化定义各种窗帘的定时开关事件，一个事件管理模块共可以设置多达87个事件，完全可以将每天、每月甚至一年的各种事件设置进去，可设置早上定时模式、晚上自动关窗帘模式以及出差模式等。

## 能力拓展

### 1. 常见问题
1）窗帘控制没反应。
2）没有按指令关闭、打开或停止。
3）节点板没有信号。

### 2. 解决方法
1）排查继电器、节点板、红外接收器的电源是否已打开。
2）排查节点板的地址是否已配对（通过计算机软件配置）。
解决方法：先观察节点板网络灯是否亮（不亮代表地址没配对）。
3）手机上的控制不好用。解决方法：在服务器上进行配置。
4）线路问题：断电检查。
① 不按指令进行工作，根据电路图重新检查线路是否接错。
② 5V电源是否接通（节点板要外接5V电源线，电压型继电器也要外接5V电源线）。
③ 接好的线是否有松动，可利用万用表去检测。

④ 接线原则：一般暖（浅）色为正极，冷（深）色为负极，比如红色为正极，黑色为负极。电动窗帘接线：棕色为正极，蓝色为负极。

⑤ 电路板上L代表正极，N代表负极。

⑥ 硬件设备损坏。

# 任务6　设置A8控制器

## 任务描述

随着国民经济的发展，电视机、空调、门禁设备等家用电器进入了千家万户，用户对于电器的控制有了更高的要求，例如，电扇的控制从手动控制转向红外遥控控制等，因此如何将各个电器控制集中到一台控制器中（A8）将无疑给用户带来方便，同时也可以吸引消费者的眼球。

1）通过A8控制器控制电动窗帘、射灯、电视机、风扇、空调等家用电器。

2）通过A8设备控制门禁设备、摄像机安防设备。

3）设置安防条件，使得安防能"智能"启动或关闭。

## 任务实施

### A8控制器设置

1）接线。A8电源线接A8控制器、通过串口线将A8控制器和协调器进行连接，如图4-24所示。

图4-24　A8设备连接图

2）登录。接线完成后，将A8以NAND方式启动，开机后显示登录界面，单击"登录"按钮，进入主界面，如图4-25所示。

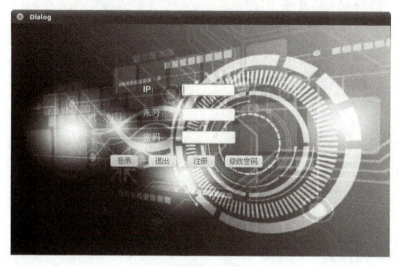

图4-25　登录界面

3）串口设置。单击"串口配置"按钮，对串口号、波特率等参数进行配置（见表4-4）。设置完成后，单击对话框右下角齿轮状按钮进行保存。

表4-4　串口设置

| 串口号 | ttyUSB0 |
| --- | --- |
| 波特率 | 38 400 |
| 数据位 | 8 |
| 效验 | 偶 |

4）板号设置。单击"板号配置"按钮，针对每块节点板对应的功能进行配置，如图4-26所示。设置完成后，单击对话框右下角的"配置完成"按钮进行保存，如图4-27所示。

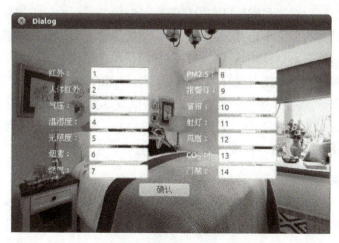

图4-26　板号设置

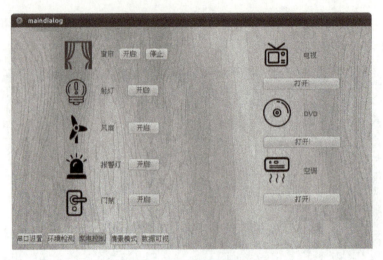

图4-27 控制界面

### 知识链接：什么是A8控制系统

A8控制系统以高性能低功耗的中央控制器为核心，结合多种物联网无线组网及控制技术，对系统中的家居、家电单元进行监视和控制。系统实现了家居安防、家电遥控、视频监控、门禁控制、窗帘自动控制、场景联动等功能，并支持远程Web、移动手持设备访问和控制等。学生在实训过程中深入理解物联网相关技术在智能家居领域中实现构建、监控、安防、遥控等功能的原理和实施细节。激发学生的学习兴趣，并通过系统开放式的平台环境，自己动手实现学习、创新及应用。

## 知识提炼

### 1. 修改串口号

在首次安装USB转串口驱动程序时，其串口号由Windows操作系统自动分配（通常从COM2开始分配），安装完成后可在设备管理器中单击"属性"按钮修改串口号。修改方法：在"我的计算机"上单击鼠标右键，在弹出的快捷菜单中选择"属性"命令，然后在弹出的"系统属性"对话框中选择"硬件"标签，单击"设备管理器"按钮。在弹出的"设备管理器"对话框中单击"端口COM和LPT"前面的"+"按钮，然后右键单击需要更改的串口，选择"属性"命令，在弹出的对话框里选择"端口设置"标签，单击"高级"按钮，在弹出的对话框中将会看到"COM端口号"右边有个下拉列表框，单击选择想要设置的COM端口号，最后依次单击"确定"按钮。

### 2. 安装驱动程序

1）在Windows98、WindowsMe、Windows2000、WindowsXP等操作系统中，先下载相应的驱动程序，只需先双击driver里的hidcominst程序，再插上USB线，系统即可自动完成安装。在WindowsXP操作系统下，完成以上步骤后，有时在设备管理器里会出现人机学设备，此时需分别用右键单击此项下的两个选项的属性，选择"属性"里的"驱动程序"→"更新驱动程序"这一项，选择"从列表或指定位置安装"，单击"下一步"按钮，选择"不要搜索"，单击"下一步"按钮，选择"从磁盘安装"，再单击"浏览"按钮，指定驱动盘，打开driver文件夹会出现hidcom.INF文件，打开此文件，然后单击"确定"按钮，单击"下一步"按钮，选择"是"，此时会出现提示说没有得到微软的数字签证，单击"仍然继续"按钮，最后单击"完成"按钮。只要依次更新这两项，即可使用串口线了。

2) 在Windows 7操作系统中，先下载Windows 7版本的USB转串口驱动程序，再进行安装。

① 通过USB线和计算机连接起来，此时屏幕右下角会显示查找硬件和安装驱动程序（一般未安装驱动程序的USB转串口线会显示黄色感叹号，表示未安装驱动程序或驱动程序安装不正确，需要用户重新安装）。

② 选择"计算机"→"属性"命令，在弹出的快捷菜单中选择"设备管理器"命令。

③ 在"设备管理器"中能看到"端口（COM和LPT）"，单击进行查看。这里不同的计算机可能有所差异，有的可能是COM3，有的可能是COM4，计算机随机分配各个端口。

④ 右键单击需要安装驱动程序的设备，选择"更新驱动程序软件"命令，若选择"自动搜索更新的驱动程序软件"命令，则在整个计算机中查找驱动程序。此方法适用于不清楚驱动程序的位置，查找速度相对较慢。若单击"浏览计算机以查找驱动程序软件"按钮，则手动查找并安装驱动程序软件，相对于前一种方法，这种方法在知道驱动程序路径的情况下可以节省大量时间。

⑤ 单击鼠标右键，在弹出的快捷菜单中选择"属性"命令，在弹出的对话框中选择"驱动程序"标题栏。如果显示有驱动程序，则说明安装成功了。

## 能力拓展

错误类型：

1) 电视机用摇控器可以打开，但在A8终端上打不开；门铃不响。
2) 通过密码遥控可以开门，但刷卡不可以开门，空调用A8终端打不开。

排查方法：

1) 故障排查的顺序如下。

① 排查继电器、节点板、红外接收器的电源是否已打开。

② 排查节点板的地址是否已配对（使用计算机软件配置）。先观察节点板网络灯是否亮（不亮代表地址没配对）。

2) 红外学习信号波形是否完整（适用于电视机、空调、DVD等使用A8打不开的情况）。

正常表现：当用A8控制时，节点板2个绿灯一闪一闪的。

异常表现：灯一直亮或不亮，代表波形没学会或者波形没学进去。

3）解决方法：重新学习，注意位置要对准，不要偏。

① 线路问题：断电检查。

② 门铃不响：门铃的线没接好或接地线接出来正负极，需要根据电路图重新检查。5V电源是否接通，节点板要外接5V电源线。电压型继电器也要外接5V电源线。

③ 接好的线是否有松动，可利用万用表检测。

④ 接线原则：一般暖（浅）色为正极，冷（深）色为负极，比如红色为正极，黑色为负极。A8控制器接线：棕色为正极，蓝色为负极。电路板上L代表正极，N代表负极。

# 任务7　设置协调器、节点板

## 任务描述

前面已经介绍了四路继电器、红外设备，本任务将智能家电设备通过网络进行联网，实现控制功能。作为一名智能家居的安装维护工程师，首先需要将电器设备连接到节点板上，并对节点板、协调器进行设置，以保证控制器或计算机能对电器设备进行控制。

## 任务实施

### 1. 继电器型节点板连接与配置

1）节点板的连接。将节点板通过带芯片的USB线连接至计算机。

2）节点板软件的设置。打开"无线传感网实验平台软件"，选择"基础配置"页面，选择串口号（此处的COM口编号，要与实际情况一致，Prolific USB-to-SerialComm Port就是节点板的端口号）。单击"Open"按钮，与节点板建立通信。

3）节点板软件设置。单击网络参数设置区域的"Read"按钮，软件界面会显示协调器的MAC地址、PanID、Channel等网络参数，可以对其进行修改。单击"Write"按钮将其保存。

4）单击节点板参数设置处的"Read"按钮，软件界面会显示板号、板类型、采样间隔、配置设备等参数，可以对其进行相应的修改，单击"Write"按钮将其保存。节点板配置如图4-28所示。注意：板类型、配置的设备必须符合实际的连接安装情况，否则无法正常工作。

图4-28 节点板配置

5）节点板上墙安装，安装示意如图4-29所示。

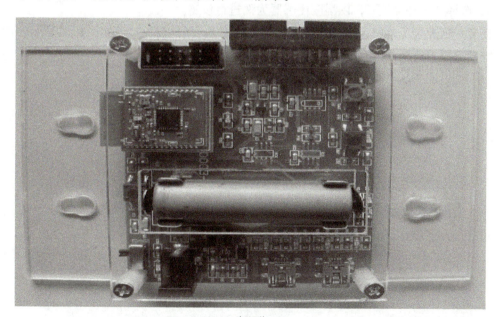

（正面）

图4-29 节点板上墙图

## 2. 红外型节点板的连接与配置

1）节点板的连接。将节点板通过带芯片的USB线连接至计算机。

2）节点板软件的设置。打开"无线传感网实验平台软件"，选择"基础配置"页面，选择串口号（此处的COM口编号，要与实际情况一致，Prolific USB-to-Serial

Comm Port就是节点板的端口号）。单击"Open"按钮，与节点板建立通信。

3) 设置PanID、MAC、ChannelID等，如图4-30所示。根据需要进行PanID和通道号的修改，MAC无法在此软件中修改。

图4-30  节点板参数设置

4) 设置红外频道。使用遥控器将信号发射的部位对准节点板的红外学习板的学习灯，单击"学习"按钮后，按下遥控器的"发射"按钮，约持续1s，测试结果。

### 3. 无外接节点板的连接与配置

1) 节点板的连接。将节点板通过带芯片的USB线连接至计算机。
2) 设置节点板软件。
3) 选择"无外接板"，以湿度传感器为例进行设置。

在节点板配置工具v1.0.0.3中设置板类型为"00-无外接板"，如图4-31所示。然后在系统参数栏中选择"电池电压"与"温湿度传感器"复选框。

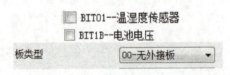

图4-31  湿度传感器设置

4) 设备上墙连接。将配置好的节点板通过两颗扣子和两个螺钉固定在板上。

### 4. 协调器的连接与配置

1) 将协调器通过USB线连接至PC，接线如图4-32所示。

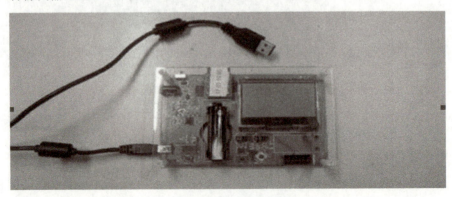

图4-32  协调器连接图

2）依次打开各个节点板，如果之前的配置正确，则可以在协调器的液晶屏幕上看到对应的空心方块变成实心的，如图4-33所示。

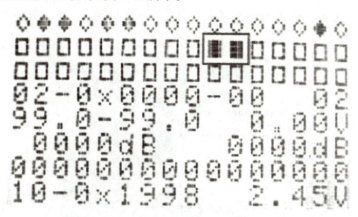

图4-33　协调器运行面板图

### 知识提炼

　　USB转串口即实现计算机USB接口到通用串口之间的转换。它为没有串口的计算机提供快速的通道，而且使用USB转串口设备等于将传统的串口设备变成了即插即用的USB设备。作为应用最广泛的USB接口是每台计算机必不可少的通信接口之一，它的最大特点是支持热插拨、即插即用、传输速度快。对于大多数工程师来说，开发USB 2.0接口产品的主要障碍在于：要面对复杂的USB 2.0协议、自己编写USB设备的驱动程序、要熟悉单片机的编程。这不仅要求有一定的编程经验，还要求能够编写USB接口的硬件（固件）程序。所以很多人放弃了自己开发USB产品。为了将复杂的问题简单化，可以使用USB转串口模块。这个模块可以被看成是一个USB 2.0协议的转换器，将计算机的USB 2.0接口转换为一个透明的并行总线，就象单片机总线一样。从而几天之内就可以完成USB 2.0产品的设计。

　　在现代工控领域中应用很广泛的是RS—232、RS—485、并口接口，发展历史悠久，现在很多领域都在广泛应用，比如，一些编程爱好者在使用编程器的时候会用到串口。还有一些机械控制系统、门禁系统，都离不开使用RS—232、RS—485来通信。传统的主板都有这个接口，但由于现在主板市场定位不同，很多新主板并不带串口接口，比如，笔记本式计算机就很少再带有这些接口。九汉的USB接口替代了其他大部分通信接口，使得一些主板在连接RS232串口或者并口通信时遇到了难点。针对这种情况，一些厂商推出了一系列产品来解决这个问题。

### 能力拓展

　　ZigBee的网络设备类型有3种：协调器、路由器和终端节点。

1）协调器（Coordinator）是整个网络的核心，是ZigBee网络的一个设备，它选择一个信道和网络标识符（PanID）建立网络，并且对加入的节点进行管理和访问，对整个无线网络进行维护。在同一个ZigBee网络中，只允许一个协调器工作，如图4-34所示。

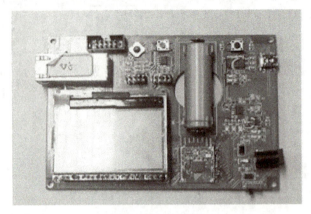

图4-34　协调器

2）路由节点：它的作用是提供路由信息。

3）终端节点板（End-Device）：它是ZigBee的终端节点，没有路由功能，完成的是整个网络的终端任务。终端节点板如图4-35所示。

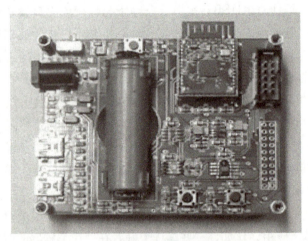

图4-35　终端节点板

4）红外板：红外板是红外遥控功能实现的主要元器件，在整个系统中发挥着十分重要的作用，它拥有几十个频道，能同时存储几十个信号，能够接收遥控器发出的红外信号并进行存储、发射。

5）无外接板：顾名思义，无外接板就是不外借其他任何继电器设备的单独存在的节点板，例如，温湿度传感器、光照度传感器等。此类传感器一般只需单独上墙，并且一般在出厂时板内就镶嵌有传感元器件。

6）继电器：继电器分为节点型继电器和电压型继电器，节点型继电器一般都被视为开关使用，控制红黑线的闭合、断开；电压型继电器通常外接12V或220V强电，为供电使用。

# 任务8　控制射灯

## 任务描述

本任务是通过编写一个程序，控制操作台LED灯的开与关，在界面中LED灯的图片实现开与关的切换。

## 任务实施

1）全部LED灯开与关。其中SerialWriteData()函数发送灯的开与关命令，其他代码主要用于切换图片。

① 打开QtCreator，新建QtGui应用。

② 双击界面文件dialog.ui设计的界面，单击"灯光开启"按钮之后，按钮文字变为"灯光关闭"，效果如图4-36所示。

图4-36　灯光开启后的效果

a）窗体属性，见表4-5。

表4-5　窗体属性

| 对象名称 | 属性 | 值 |
| --- | --- | --- |
| Demo | X | 800 |
|  | Y | 480 |
|  | styleSheet（背景） | #demo{background-image:url(:/7/home.png);} |

b）添加9个PushButton，设置控件的相关属性，见表4-6。

表4-6　控件的相关属性

| 对象名称 | 属　性 | 值 |
| --- | --- | --- |
| LED_1_ON | StyleSheet | border-image:url(:/7/Led1_on.png); |
| | Text | LED1 |
| LED_1_OFF | StyleSheet | border-image: url(:/7/Led1_off.png); |
| LED_2_ON | StyleSheet | border-image: url(:/7/Led2_on.png); |
| | Text | LED2 |
| LED_2_OFF | StyleSheet | border-image: url(:/7/Led2_off.png); |
| LED_3_ON | StyleSheet | border-image: url(:/7/Led3_on.png); |
| | Text | LED3 |
| LED_3_OFF | StyleSheet | border-image: url(:/7/Led3_off.png); |
| LED_4_ON | StyleSheet | border-image: url(:/7/Led4_on.png); |
| | Text | LED4 |
| LED_4_OFF | StyleSheet | border-image: url(:/7/Led4_off.png); |
| LED | Text | 灯光开启 |

③ 编写代码。

在界面编辑器中单击"灯光开启"按钮，转到槽函数，选择clicked()信号，输入如下代码。

```
void demo::on_LED_clicked()
{
    if(ui->LED->text()=="灯光开启")
    {
        ui->LED_1_OFF->hide();
        ui->LED_2_OFF->hide();
        ui->LED_3_OFF->hide();
        ui->LED_4_OFF->hide();
        ui->LED_1_ON->show();
        ui->LED_2_ON->show();
        ui->LED_3_ON->show();
        ui->LED_4_ON->show();
        ui->LED->setText("灯光关闭");
      c.SerialWriteData(configboardnumberLED,TTL_IO,CommandNormal,0x0f);
    }
    else
    {
        ui->LED_1_OFF->show();
        ui->LED_2_OFF->show();
```

```
        ui->LED_3_OFF->show();
        ui->LED_4_OFF->show();
        ui->LED_1_ON->hide();
        ui->LED_2_ON->hide();
        ui->LED_3_ON->hide();
        ui->LED_4_ON->hide();
        ui->LED->setText("灯光开启");
        c.SerialWriteData(configboardnumberLED,TTL_IO,CommandNormal,0x00);

    }
}
```

2) 分开控制LED灯。在界面上单击灯光图片，相应的LED灯就会开或关。

① 分别单击LED_1_ON和LED_1_OFF按钮，转到槽函数，选择clicked()信号。自动跳转至代码后编辑槽函数代码。

② 灯1的开、关代码如下。

```
void demo::on_LED_1_OFF_clicked()
{
    ui->LED_1_OFF->hide();
    ui->LED_1_ON->show();
    Led_Command+=8;
    c.SerialWriteData(configboardnumberLED,TTL_IO,CommandNormal,Led_Command);
}
void demo::on_LED_1_ON_clicked()
{
    ui->LED_1_OFF->show();
    ui->LED_1_ON->hide();
    Led_Command-=8;
     c.SerialWriteData(configboardnumberLED,TTL_IO,CommandNormal,Led_Command);
}
```

③ 灯2的开、关代码如下。

```
void demo::on_LED_2_OFF_clicked()
{
    ui->LED_2_OFF->hide();
    ui->LED_2_ON->show();
    Led_Command+=4;
    c.SerialWriteData(configboardnumberLED,TTL_IO,CommandNormal,Led_Command);
}
void demo::on_LED_2_ON_clicked()
{
```

ui->LED_2_OFF->show();

　　ui->LED_2_ON->hide();

　　Led_Command-=4;

　　c.SerialWriteData(configboardnumberLED,TTL_IO,CommandNormal,Led_Command);

}

④ 灯3的开、关代码如下。

void demo::on_LED_3_OFF_clicked()

{

　　ui->LED_3_OFF->hide();

　　ui->LED_3_ON->show();

　　Led_Command+=2;

　　c.SerialWriteData(configboardnumberLED,TTL_IO,CommandNormal,Led_Command);

}

void demo::on_LED_3_ON_clicked()

{

　　ui->LED_3_OFF->show();

　　ui->LED_3_ON->hide();

　　Led_Command-=2;

　　c.SerialWriteData(configboardnumberLED,TTL_IO,CommandNormal,Led_Command);

}

⑤ 灯4的开、关代码如下。

void demo::on_LED_4_OFF_clicked()

{

　　ui->LED_4_OFF->hide();

　　ui->LED_4_ON->show();

　　Led_Command+=1;

　　c.SerialWriteData(configboardnumberLED,TTL_IO,CommandNormal,Led_Command);

}

void demo::on_LED_4_ON_clicked()

{

　　ui->LED_4_OFF->show();

　　ui->LED_4_ON->hide();

　　Led_Command-=1;

　　c.SerialWriteData(configboardnumberLED,TTL_IO,CommandNormal,Led_Command);

}

## 知识提炼

　　要控制LED灯的开与关，必须使用类库中的函数SerialWriteData()。这个函数是用来触发LED器件的开关函数。LED灯单步控制，可以用4位二进制来理解，见表4-7。

表4-7  LED灯单步控制

|  | 灯 1 | 灯 2 | 灯 3 | 灯 4 |
|---|---|---|---|---|
| 以二进制表示，1为开，0为关 | 1 | 1 | 1 | 1 |
| 按权转换为十六进制 | 8 | 4 | 2 | 1 |

最后得出结论F为全开，每个LED灯值就是每位数字的相加。例如，开灯1就是发送8，开灯2还要保持灯1开启，则是发送4+8，以此类推。

## 能力拓展

用鼠标事件控制LED灯。具体的代码和上面类似，只是将代码放入了鼠标事件，并且在鼠标事件中需要判断图片的控制范围。

首先要在.h文件中添加鼠标事件。

```
void Dialog4::mousePressEvent(QMouseEvent *mouse)
{
    if(imode==0 && mouse->button()==Qt::LeftButton)
    {
        ix=mouse->x(),iy=mouse->y();
        if(ix>=ix1[0] && ix<=ix2[0] && iy>=iy1[0] && iy<=iy2[0])
        {
            ui->Btn_LED1->show();
            c.SerialWriteData(configboardnumberLED,TTL_IO,CommandNormal,iled+=8);
        }
        else if(ix>=ix1[1] && ix<=ix2[1] && iy>=iy1[1] && iy<=iy2[1])
        {
            ui->Btn_LED2->show();
            c.SerialWriteData(configboardnumberLED,TTL_IO,CommandNormal,iled+=4);
        }
        else if(ix>=ix1[2] && ix<=ix2[2] && iy>=iy1[2] && iy<=iy2[2])
        {
            ui->Btn_LED3->show();
            c.SerialWriteData(configboardnumberLED,TTL_IO,CommandNormal,iled+=2);
        }
        else if(ix>=ix1[3] && ix<=ix2[3] && iy>=iy1[3] && iy<=iy2[3])
        {
            ui->Btn_LED4->show();
            c.SerialWriteData(configboardnumberLED,TTL_IO,CommandNormal,iled+=1);
        }
        else if(ix>=ix1[4] && ix<=ix2[4] && iy>=iy1[4] && iy<=iy2[4])
        {
```

```
            curtainon();
        }
    }
}
```

## 任务9　控制窗帘

### 任务描述

本任务是通过编写一个程序，控制操作台中步进电机的开与关，同时界面中的窗帘图片进行切换。本任务代码分为2个部分，一是单步控制，二是用于联动的代码，做法与上一个任务类似。

### 任务实施

步进电机的开关也是用SerialWriteData()函数来控制，命令是CommandStepMotor，发送的值是正整数为正转，负整数为反转，转一圈的值是520。

1）单步控制步进电机。

本任务延用上一个任务的项目文件，程序运行时显示如图4-37所示的界面。

图4-37　窗帘开启后的效果

单击"窗帘开启"按钮之后,按钮文字变为"窗帘关闭",如图4-38所示。

图4-38 窗帘关闭后的效果

① 添加3个PushButton,控件属性见表4-8。

表4-8 控件属性

| 对象名称 | 属　　性 | 值 |
| --- | --- | --- |
| cl_ON | StyleSheet | border-image: url(:/7/cl_on.png); |
| cl_OFF | StyleSheet | border-image: url(:/7/cl_off.png); |
| cl | text | 窗帘开启 |

② 添加按钮对象的信号,与槽关联并编写代码,代码如下。

```
void demo::on_cl_clicked()
{
    if(ui->cl->text()=="窗帘开启")
    {
        ui->cl_ON->show();
        ui->cl_OFF->hide();
        c.SerialWriteData(configboardnumberStepMotor,StepMotor,CommandStepMotor,500);
        ui->cl->setText("窗帘关闭");
    }
    else
    {
        ui->cl_ON->hide();
        ui->cl_OFF->show();
```

```
            c.SerialWriteData(configboardnumberStepMotor,StepMotor,CommandStepMotor,-500);
            ui->cl->setText("窗帘开启");
        }
    }
```

2)在联动模式中要开启窗帘（步进电机），如果条件满足，那么步进电机将一直转动，所以放置一个变量控制窗帘的开启。只有再次单击"窗帘关闭"按钮，步进电机才能再次转动。如果不单击"窗帘关闭"按钮，就无法再次开启窗帘，即窗帘动作只触发一次。具体代码如下。

```
void demo::stepoff()
{
    if(chuanglian==0||chuanglian==1)
    {
        ui->cl_ON->hide();
        ui->cl_OFF->show();
c.SerialWriteData(configboardnumberStepMotor,StepMotor,CommandStepMotor,-500);
        chuanglian=2;
    }
}

void demo::stepon()
{
    if(chuanglian==0||chuanglian==2)
    {
        ui->cl_ON->show();
        ui->cl_OFF->hide();
        c.SerialWriteData(configboardnumberStepMotor,StepMotor,CommandStepMotor,500);
        chuanglian=1;
    }
}
```

通过按钮的单击事件，可以直接调用这两个函数，控制步进电机的开与关。函数的定义与变量的定义可自行设置，不必完全相同。

信号与槽是一种高级接口，应用于对象之间的通信，比如，按钮和对话框的通信，也是QT不同于其他同类工具包的重要地方。

## 知识提炼

### 1. 信号（signal）

当对象的状态发生改变时，信号被某一个对象发射（emit），只有定义过这个信号或者其派生类能够发射这个信号。当一个信号被发射时，与其相关联的信号将被执行，就像一个正常的函数调用。如果存在多个槽与某个信号相关联，那么当这个信号被发射时，这些槽将会一个接一个地被执行，但是它们执行的顺序是不确定的，并且不能指定这个顺序。

信号的声明在头文件中进行。

QT用signals关键字表示信号声明区，随后即可以声明自己的信号。

例如：

```
signals：
    void mysignale();
    void mysignale(int x);
    void mysignale(int x,int y);
```

### 2. 槽（slot）

槽是普通的C++成员函数，可以被正常调用，它们唯一的特殊性就是很多信号可以与其相关联。当与其关联的信号被发射时，这个槽就会被调用。槽可以有参数，但槽的参数不能有默认值。

既然槽是普通的成员函数，那么与其他函数一样，它们也有存取权限。槽的存取权限决定了谁能够与其相关联。同普通的C++成员函数一样，槽函数也分为3种类型，即public slots、private slots和protected slots。

通常使用public和private声明槽，建议尽量不要使用protected关键词来修饰槽的属性。此外，槽也可以声明为虚函数。

### 3. 信号与槽的关联

槽可以和信号连接在一起，在这种情况下每当发射这个信号的时候就会自动调用这个槽。Connect()语句看起来会像如下句子：

connect(sender,SIGNAL(signal),receiver,SLOT(slot));

这里的sender和receiver分别是发送和接收信号的对象。signal和slot又分别是声明过的信号和槽。目前，是把不同的信号和不同的槽连接在一起，此外还有其他可能性。

1）一个信号可以连接多个槽。
2）多个信号可以连接同一个槽。
3）一个信号可以与另一个信号连接。
4）可以用disconnect()函数移除连接，其参数和connect()函数的参数是一样的。

## 能力拓展

联动模式下控制窗帘：通过单击界面上的窗帘，利用鼠标事件实现步进电机的开与关，界面上显示相应的变化。

```cpp
void demo::mousePressEvent(QMouseEvent *mouse)
{
    if(mouse->button()==Qt::LeftButton)
    {
        int x=mouse->x();
        int y=mouse->y();
        int x1=ui->cl_on->x();
        int y1=ui->cl_on->y();
        int x2=ui->cl_on->x()+ui->cl_on->width();
        int y2=ui->cl_on->y()+ui->cl_on->height();
        if(x>x1&&y>y1&&x<x2&&y<y2)
        {
            if(chuanglian==0||chuanglian==2)
            {
                c.SerialWriteData(configboardnumberStepMotor,StepMotor,CommandStepMotor,500);
                chuanglian=1;
                ui->cl_on->show();
                ui->cl_off->hide();
            }
            else if(chuanglian==1)
            {
                c.SerialWriteData(configboardnumberStepMotor,StepMotor,CommandStepMotor,-500);
                chuang=2;
                ui->cl_on->hide();
                ui->cl_on->show();
            }
        }
    }
}
```

## 任务10　控制风扇

任务描述

本任务是通过编写一个程序，控制风扇的开与关，同时界面中的窗帘图片进行切换。

界面和代码与上一个任务类似。单击"风扇开启"按钮之后,界面按钮文字变为"风扇关闭",如图4-39所示。反之,按钮文字变为"风扇开启",如图4-40所示。

图4-39 风扇开启后的效果

图4-40 风扇关闭后的效果

## 任务实施

编写相关代码实现按钮文字变化、风扇开启或关闭的功能。代码如下。

```
void demo::on_fan_clicked()
{
    if(ui->fan->text()=="风扇开启")
    {
        c.SerialWriteData(configboardnumberDCMotor,DCMotor,CommandNormal,0x02);
        ui->fan->setText("风扇关闭");
    }
    else
    {
        c.SerialWriteData(configboardnumberDCMotor,DCMotor,CommandNormal,0x00);
        ui->fan->setText("风扇开启");
    }
}
```

其中，参数设置为0×02表示风扇开，参数设置为0×00表示风扇关。

## 知识提炼

模态对话框（Modal Dialog）与非模态对话框（Modeless Dialog）的概念不是QT所独有的，而是在各种不同的平台下都存在，比如，在Visual C++以及C#中都存在这种概念。这两种类型的对话框也称为模式对话框和无模式对话框。所谓模态对话框就是在其没有被关闭之前，用户不能与同一个应用程序的其他窗口进行交互，直到该对话框关闭，比如新建Word文件时的对话框，主窗体无法被选中。对于非模态对话框，当其被打开时，用户既可以选择和该对话框进行交互，也可以选择同应用程序的其他窗口交互，比如，Word里的"查找"对话框。对于对话框类型的选择，要根据实际应用的情况而定。

在QT中，显示一个对话框一般有两种方式，一种是使用exec()方法，它总是以模态来显示对话框；另一种是使用show()方法，它使得对话框既可以模态显示，也可以非模态显示，决定它是模态还是非模态的是对话框的modal属性。在默认情况下，modal属性值是false，可以通过setModal()方法来设置modal属性。

## 能力拓展

通过QTimer类实现风扇隔5s打开或关闭，步骤如下。

(1) 在头文件中引用QTimer类

   #include<QTimer>

(2) 在类中声明一个QTimer类型的对象和一个风扇的标志位

   Public：

   　　　QTimer timer1；

   　　　Bool state_fan；

(3) 在构造函数中初始化并将timer关联信号和槽

   state_fan=false；

   timer1.setInterval(5000)；

   timer1.start()；

   connect(&timer1,SIGNAL(timeout()),this,SLOT(timerout1()))；

(4) 实现timerout1()

```
void Dialog4::timerout1()
{
    if(state_fan==false)
    {
        c.SerialWriteData(configboardnumberDCMotor,DCMotor,CommandNormal,0x02);
        state_fan=true;
    }
    else
    {
        c.SerialWriteData(configboardnumberDCMotor,DCMotor,CommandNormal,0x00);
        state_fan=false;
    }
}
```

## 任务11　控制蜂鸣器

### 任务描述

本任务是通过编写一个程序，控制蜂鸣器的开与关，同时界面中的报警灯图片进行切换。具体代码与上一个任务类似，界面如图4-41和图4-42所示。单击"蜂鸣器开启"按钮后，按钮文字变为"蜂鸣器关闭"。反之，按钮文字变为"蜂鸣器开启"。

图4-41 蜂鸣器开启后的效果

图4-42 蜂鸣器关闭后的效果

## 任务实施

编写相关代码实现蜂鸣器开启或关闭的功能。代码如下。

```
void demo::on_BUZZ_clicked()
{
    if(ui->BUZZ->text()=="蜂鸣器开启")
    {
        c.SerialWriteData(configboardnumberBuzz,Buzz,CommandNormal,0x01);
        ui->BUZZ->setText("蜂鸣器关闭");
    }
    else
    {
        c.SerialWriteData(configboardnumberBuzz,Buzz,CommandNormal,0x00);
        ui->BUZZ->setText("蜂鸣器开启");
    }
}
```

其中数值1为蜂鸣器开，数值0为蜂鸣器关。

## 知识提炼

### Qt中常用的控件

#### 1. QLabel

QLabel用来显示文本或者图片，在设计器中拖入一个label。选中label，通过右边的属性栏alignment属性设置对齐方式，Text属性可以设置显示的内容。

#### 2. QPushButton

QPushButton提供了一个按钮的基本功能，主要应用在信号与槽上。

#### 3. QLineEdit

QLineEdit是一个单行的文本编辑器类，允许用户输入和编辑单行的文本内容。该控件主要用到2个成员函数。

```
QString text() const;
void setText(const QString &text);
```

## 能力拓展

当有人时人体感应器触发，蜂鸣器开启，当没人时，关闭蜂鸣器，代码如下。

```
void Dialog4::HumanInfrared()
{
    if(StateHumanInfrared==1)
    {
```

```
            c.SerialWriteData(configboardnumberBuzz,Buzz,CommandNormal,0x01);
        }
        else
        {
            c.SerialWriteData(configboardnumberBuzz,Buzz,CommandNormal,0x00);
        }
    }
```

## 项 目 评 价

通过该项目的学习，学生能够更加直观地认知什么是智能家居、智能家居的工作原理；能够使用硬件门禁系统、射灯系统、换气扇、窗帘等搭建智能家居环境，并设置协调器、A8系统，最终利用硬件与软件开发风扇、换气扇、窗帘的控制程序。

### 1. 考核评价表

| 内 容 | 目 标 | 标 准 | 方 式 | 权 重 | 自 评 | 评 价 |
|---|---|---|---|---|---|---|
| 出勤与安全情况 | 让学生养成良好的工作习惯 | 100 | 以100分为基础，按这6项的权值给分，其中"任务完成及项目展示汇报情况"具体评价见"任务完成度"评价表 | 10% | | |
| 学习、工作表现 | 学生参与工作的态度与能力 | | | 15% | | |
| 回答问题的表现 | 学生掌握知识与技能的程度 | | | 15% | | |
| 团队合作情况 | 小组团队合作情况 | | | 10% | | |
| 任务完成及项目展示汇报情况 | 小组任务完成及汇报情况 | | | 40% | | |
| 拓展能力情况 | 拓展能力提升状态，任务完成情况 | | | 10% | | |
| 创造性学习（附加分） | 考核学生创新意识 | 10 | 教师以10分为上限，奖励工作中有突出表现和特色做法的学生 | 加分项 | | |
| 学习成绩=出勤情况×20%+学习及工作表现×20%+知识及技能掌握×20%+团队合作情况×10%+任务完成情况×30%+创造性学习 | | | | | | |

总评成绩为各学习情境的平均成绩，或以其中某一学习情境作为考核成绩。

## 2. 任务完成度评价表

| 任　　务 | 要　　求 | 权　重 | 分　值 |
|---|---|---|---|
| 智能家居的硬件连接 | 掌握门禁系统、射灯系统、换气扇系统、报警灯系统、窗帘系统的安装与连接 | 30 | |
| 掌握智能家居软件的设置 | 掌握A8控制器的设置、协调器与节点板的设置 | 30 | |
| 智慧智能家居系统的编程 | 掌握射灯控制、窗帘控制、风扇控制、蜂鸣器控制等编程技能 | 30 | |
| 总结与汇报 | 呈现项目实施效果，做项目总结汇报 | 10 | |

## 3. 项目总结

项目学习情况：


心得与反思：